编　委　会

出版说明

现如今互联网已深入农业的方方面面，互联网即时、互动、可视化的独特优势，以及对农业科技信息和技术的迅速传播方式已获得广泛的认可。广大生产者通过互联网了解知识和信息，提高技能亦成为一种新常态。然而，不论新媒体如何发展，媒介手段如何先进，我们始终本着"技术专业，内容为王"的宗旨出版好融合产品，将有用的信息和实用的技术传播给农民。

为了及时将农业高效创新技术传递给农民，解决农民在生产中遇到的技术难题，中国农业出版社邀请国家现代农业产业技术体系的岗位科学家、活跃在各领域的一线知名专家编写了这套"扫码看视频•轻松学技术丛书"。书中精选了海量田间管理关键技术及病虫害高清照片，大部分为作者多年来的积累，更有部分照片属于"可遇不可求"的精品；文字部分内容力求与图片内容实现互补和融合，通俗易懂。**更让读者感到不一样的是**：还可以通过微信扫码观看微视频，技术大咖"手把手"教你学技术，可视化地把技术搬到书本上，架起专家与农民之间知识和技术传播的桥梁，让越来越多的农民朋友通过多媒体技术"走进田间课堂，聆听专家讲课"，接受"一看就懂、一学就会"的农业生产知识与技术的学习。

说明：书中病虫害化学防治部分推荐的农药品种的使用浓度和使用量，可能会因为作物品种、栽培方式、生长周期及所在地的生态环境条件不同而有一定的差异。因此，在实际使用过程中，以所购买产品的使用说明书为准，或在当地技术人员的指导下使用。

2017年8月

目录

出版说明

一、生物学特性 ···································· 1

(一) 主要器官 ································· 1

(二) 生长发育周期 ····························· 2

1.发芽期 ································· 2

2.幼苗期 ································· 2

3.开花期 ································· 3

4.结果期 ································· 3

(三) 对环境条件的要求 ························· 3

1.温度 ·································· 3

2.光照 ·································· 3

3.水分 ·································· 3

二、如何选用品种 ·································· 4

1.根据生产目的 ····························· 4

2.根据消费者食用习惯 ························· 4

3.根据所选用的栽培形式 ······················· 4

4.根据当地自然环境 ·························· 4

三、新优品种 ···································· 6

(一) 大果型番茄 ······························ 6

1.百利 ·································· 6

2.金冠5号 ······························· 6

3.双飞6号 ······························· 7

4.粉莎2号 ······························· 7

5.齐达利 ································· 7

6.美丽莎 ································· 8

7.莎龙 ·································· 8

8.莎彤 ·································· 8

9.中杂201 ······························· 9

10. 硬粉8号 ·················· 9

11. 仙客8号 ·················· 9

12. 金棚8号 ·················· 10

13. 京番白玉堂 ·················· 10

14. 佳红7号 ·················· 11

15. 浙粉702 ·················· 11

16. 佳粉19 ·················· 11

(二) 中小果型番茄 ·················· 11

1. 喀秋莎 ·················· 11

2. 樱莎红2号 ·················· 12

3. 红太阳 ·················· 12

4. 圣女 ·················· 12

5. 千禧 ·················· 13

6. 冀东216 ·················· 13

7. 维纳斯 ·················· 13

8. 黑珍珠 ·················· 14

四、主要设施类型及建造 ·················· 15

(一) 简易保护设施 ·················· 15

(二) 塑料薄膜棚 ·················· 16

1. 小型塑料薄膜拱棚 ·················· 16

2. 中型塑料薄膜棚 ·················· 16

3. 大型塑料薄膜棚 ·················· 17

(三) 日光温室 ·················· 21

1. 土墙竹木结构日光温室 ·················· 21

2. 土墙钢筋拱架日光温室 ·················· 25

3. 其他主要推广类型 ·················· 27

五、高效栽培技术 ·················· 29

(一) 日光温室栽培技术 ·················· 29

1. 冬春茬番茄栽培 ·················· 29

2. 秋冬茬番茄栽培 ·················· 40

3. 春茬番茄栽培 ·················· 41

4. 长季节番茄栽培 ·················· 43

(二) 塑料大棚栽培技术 ·················· 44

1. 春季早熟栽培 ·················· 44

2. 秋季延后栽培 ·················· 47

(三) 露地栽培 ·················· 48

1. 春季露地栽培 ·················· 49

2.越夏延秋露地栽培 …………………………………… 50

六、采收与贮藏 …………………………………………… 53

（一）采收 ………………………………………………… 53
  1.采收期 ……………………………………………… 53
  2.采收方法 …………………………………………… 53
  3.采后处理 …………………………………………… 54

（二）贮藏 ………………………………………………… 56
  1.贮藏条件 …………………………………………… 56
  2.贮藏场所 …………………………………………… 56
  3.入库 ………………………………………………… 56
  4.贮果催熟 …………………………………………… 56

（三）贮藏病害及防治 …………………………………… 57
  1.常见贮藏病害 ……………………………………… 57
  2.防治技术 …………………………………………… 59

七、病虫害防治 …………………………………………… 60

（一）病害 ………………………………………………… 60
  番茄猝倒病 …………………………………………… 60
  番茄立枯病 …………………………………………… 62
  番茄灰霉病 …………………………………………… 65
  番茄白粉病 …………………………………………… 68
  番茄褐斑病 …………………………………………… 70
  番茄斑枯病 …………………………………………… 72
  番茄早疫病 …………………………………………… 75
  番茄叶霉病 …………………………………………… 79
  番茄枯萎病 …………………………………………… 81
  番茄菌核病 …………………………………………… 84
  番茄晚疫病 …………………………………………… 86
  番茄灰叶斑病 ………………………………………… 90
  番茄溃疡病 …………………………………………… 93
  番茄青枯病 …………………………………………… 96
  番茄细菌性髓部坏死 ………………………………… 99
  番茄细菌性斑点病 …………………………………… 101
  番茄细菌性疮痂病 …………………………………… 103
  番茄花叶病毒病 ……………………………………… 105
  番茄黄花曲叶病毒病 ………………………………… 107
  番茄蕨叶病毒病 ……………………………………… 109
  番茄筋腐病 …………………………………………… 110
  番茄根结线虫病 ……………………………………… 112

（二）虫害 ·· 114

 温室白粉虱 ·································· 114

 烟粉虱 ··· 116

 美洲斑潜蝇 ·································· 118

 茄二十八星瓢虫 ··························· 120

 马铃薯瓢虫 ·································· 122

 侧多食跗线螨 ······························ 125

 棉铃虫 ··· 127

 烟青虫 ··· 130

 蚜虫 ·· 131

（三）常见生理病害 ······························· 133

 药害 ·· 134

 畸形果 ··· 134

 裂果 ·· 137

 土壤盐渍化障碍 ··························· 140

 氮肥过量 ····································· 141

 胀裂果 ··· 142

 缺素症 ··· 143

附录1 蔬菜病虫害防治安全用药表 ·············· 149

附录2 我国禁用和限用农药名录 ·············· 154

（一）禁止使用的农药 ···························· 154

（二）限制使用的农药 ···························· 154

附录3 安全合理施用农药 ·············· 156

 1.科学选择农药 ···························· 156

 2.仔细阅读农药标签 ····················· 156

 3.把握好用药时期 ························· 156

 4.掌握常见农药使用方法 ················ 157

 5.合理混用，交替用药 ·················· 157

 6.田间施药，注意防护 ·················· 157

 7.剩余农药和农药包装物合理处置 ······· 157

附录4 农药的配制 ·············· 158

 1.药剂浓度表示法 ························· 158

 2.农药的稀释计算 ························· 158

一、生物学特性

（一）主要器官

番茄的植株由根、茎、叶、花、果实及种子六部分组成（图1-1）。

番茄的根分为两部分，一部分是由胚根发育而成的根系，即主根和侧根；一部分是不定根。番茄喜温，根系在10℃左右能缓慢生长，20～22℃最适，35℃以上生长受阻。

番茄的茎为半直立茎，分枝力强，具有顶端优势。茎上着生茸毛，表皮内部薄壁细胞含有油腺，破裂后会有番茄气味的汁液流出。绿色的茎还可进行光合作用，但次于叶。

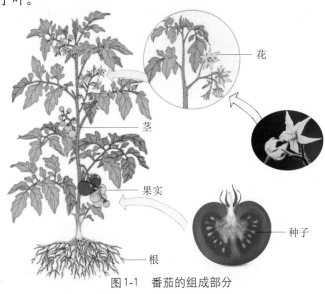

图1-1　番茄的组成部分

番茄的叶为具有小叶的不整齐奇数羽状复叶，根据叶子的形状和缺刻的不同而不同。

番茄的花为完全花，由雌蕊（包括子房、花柱和柱头）、雄蕊（花药和花丝）、花瓣、萼片和花梗5部分组成。自花授粉，天然杂交率4%～10%。花的颜色为黄色，着生在花序上。一般在第8叶与第9叶之间着生第一花穗。番茄果实由子房发育而来，由外果皮、中果皮和胎座组织构成。

番茄果实的形状、大小、颜色、心室数及风味等因品种不同而异。成熟果实的色泽有大红、粉红、橙黄、金黄、淡黄、深红色、紫色、绿色等颜色（图1-2），由果皮和果肉的颜色相衬而表现出来。

番茄种子呈扁平短卵形或心脏形，长轴一端的侧面有稍凹入的脐。寿命一般较长，在较低的温度及干燥条件下保存。一般0℃以下低温、30%左右的空气相对湿度，可以较长时间保存番茄种子。

图1-2　各种颜色番茄

（二）生长发育周期

番茄从播种发芽到果实成熟采收结束，其生长发育过程有一定的阶段性和周期性，可分为4个时期，即发芽期、幼苗期、开花期和结果期。

1. 发芽期　番茄从种子发芽到第一真叶出现为发芽期，在适宜条件下需7～9天。番茄种子发芽及出苗取决于水分、温度、通气条件及覆土的厚度。番茄种子发芽的适宜温度是28～30℃，最低温度为12℃，超过35℃对发芽不利。种子吸水第一阶段为急剧吸水，约经2小时，可吸收种子干重60%～65%的水分；第二阶段是缓慢吸水阶段，约经5小时，只能吸收种子干重25%左右的水分。种子经过这两个阶段吸水后，其吸水达到种子干重的90%左右，此时环境条件适宜即可正常发芽。

2. 幼苗期　番茄从第一片真叶出现到现大蕾为幼苗期。幼苗期经历两个时期，幼苗前期为单纯的营养生长，后期虽以营养生长为主，但开始了生殖生长阶段，即花芽分化前的基本营养生长阶段和花芽分化及发育阶段。

3.开花期　番茄从现蕾到第一个果实形成，为开花期。开花期是番茄从营养生长为主过渡到生殖生长与营养生长同时进行的转折期。这一时期虽然短暂，但对产品器官形成与产量（特别是早期产量）影响极大。

4.结果期　番茄从第一花序结果到果实采收结束，为结果期。这一时期的长短，因品种和栽培方式不同而差别很大。春番茄和秋番茄一般70～80天，冬春茬番茄80～100天。

（三）对环境条件的要求

番茄是喜温、喜光、怕霜、怕热、耐肥、半耐旱作物。影响番茄生长发育的因素包括温度、光照、水分、土壤及养分、气体等。

1.温度　番茄对温度的适应范围为15～33℃，一般在20～25℃下生长发育良好，低于10℃停止生长，长时间处于5℃下出现冷害，-1～-2℃霜冻即可冻死；高于35℃生长不良，45℃以上则因其生理干旱而死亡。番茄对温度条件的反应因生长阶段和发育不同而有差异。

2.光照　番茄是喜光作物，光照不足或连续阴雨天气常引起落花落果。华南、西南等地区光照充足，长江流域大部分地区除露地栽培外，各生育时期都有光照不足的问题，因此，在上述保护地栽培中的光照管理上，应考虑如何使植株更多地接受光照。合理密植及时整枝打杈、搭架绑蔓、摘心，确定合理的田间植株栽培方式及温室、大棚的方向等，均为充分利用光能的有效措施。

3.水分　番茄植株根系发达，是深根作物，吸水力强，具有半耐旱特点，既怕旱又怕涝，土壤排水要好，地下水位要低，水分必须均匀供给，要求土壤湿度以60%～80%为宜。

二、如何选用品种

　　我国现有的栽培番茄品种繁多，选购时要挑选国家科研院所、有资质以及良好信誉厂家的种子。不同品种的类型形态特征和生长习性差异较大，各地种植户在选择番茄品种时应遵循一定的原则，按照生产目的、当地的生态环境、栽培形式、食用习惯等合理选择番茄品种。

　　1. 根据生产目的　　按照番茄的用途可分为鲜食品种、观赏品种和加工品种等类型。鲜食番茄要求富含各种维生素、糖、氨基酸，糖酸比适中，风味佳，色泽鲜艳，外形美观。供观赏的番茄应选用小果型、色泽迷人、光泽感强的品种，而且外形奇特，如葫芦形、梨形、李形、樱桃形、卵形等。株型应紧凑、矮化，适应粗放栽培，且对果实内含物及产量要求不严格。加工用番茄一般选择果实成熟期着色一致，番茄红素含量高、容易去皮的品种。

　　2. 根据消费者食用习惯　　如大多数年轻人相对喜欢吃酸甜适中、果肉偏硬的品种，老年人喜欢果肉偏沙、风味浓郁的品种。就地域来讲，亚洲人喜食甜度偏高的品种，欧美人喜食口味偏酸的品种。

　　3. 根据所选用的栽培形式　　所选用的番茄品种与所用的栽培模式相适应。通常选择露地栽培模式时，应选用耐热、适应性强的番茄品种；选择冬春季保护地栽培模式时，应选用耐寒而弱光能力强、在弱光和低温条件下容易坐果的番茄品种；用塑料大棚进行春连秋栽培时，应选择耐寒耐热力强、适应性和丰产性均较强的中晚熟番茄品种；选择栽培期短的栽培模式时，应优先选用早熟番茄品种；选择栽培期较长的栽培模式时，应选择生产期较长的中晚熟番茄品种。

　　4. 根据当地自然环境　　在不同地区不同栽培条件下，对品种选择也不同。南方酸性土壤经常有青枯病病菌存在，因此应选用抗青枯病的品种，如华番3

号、浙杂204等。而在靠近沿海的滨海盐碱地主要考虑风害，应选用植株茎秆粗、高度较矮、果皮较厚、果柄无离层的品种，在架材缺乏地区应选用成熟期集中、果皮厚、成熟果在植株上挂果时间较长、茎秆粗、节间短的无支架栽培。在晚秋及初冬无霜冻的地区，秋番茄可以选用无限生长类型的品种，这样产量高且供应期长，可选用的品种有苏粉9号、金棚1号等。选择番茄还要考虑到当地番茄病虫害的发生情况以减少病虫的危害。露地栽培番茄应选用抗病毒病能力强的品种；冬春季保护地内栽培番茄，要求所用品种对番茄叶霉病、灰霉病和晚疫病等主要病害具有较强的抗性或耐性；蚜虫和白粉虱发生严重的地方，最好选择植株表面上茸毛多而长的品种。

番茄大棚栽培

三、新优品种

（一）大果型番茄

大果型番茄是指单果重在150克以上的番茄。

1.百利 从荷兰瑞克斯旺有限公司引进并推广的品种。早熟，耐热性和耐寒性均强。无限生长型。生长势旺盛，连续结果能力强，坐果率高，可连续结果7～16穗，丰产性好。适宜采用单干整枝方式和进行再生栽培。果实深红色中略带砖红色，中型果，单果重200克左右，无裂纹，无青皮现象。果皮厚，果汁少，果肉致密，落地不裂，最适宜长途运输，耐贮性也很强。品质一般。抗烟草花叶病毒病、筋腐病和枯萎病（图3-1）。在高温、高湿下也能正常坐果，适宜越冬茬长季节栽培。

图3-1 百利

2.金冠5号 辽宁省农业科学院蔬菜研究所培育的杂交种。植株为无限生长类型，第5～6节位着生第1花序，相邻花序间隔1～3片叶，至3穗果处株高75～85厘米。幼果稍有绿果肩，成熟果实粉红色，扁圆形，果面光滑，平均单果重179克，7～17个心室，果实中可溶性固形物含量3.8%左右。畸形果率3%，裂果率13%。田间病毒病自然发病率7.4%，高抗病毒病；田间叶霉病发病率11.2%，田间表现高抗。耐贮运。前期667米²平均产量为4 625千克，占总产量67%，总产量平均为6 863千克，单株产量1.90千克（图3-2）。适宜保护地及露地栽培。

3.双飞6号　西安双飞种业最新推出抗TY病毒粉红硬果番茄新品种。无限生长类型，长势强，叶量中大，连续坐果好，中早熟，果型高圆，单果重200～250克，深粉红，色泽靓丽，无绿肩，皮厚硬度好。抗番茄黄化曲叶病毒（图3-3）。

4.粉莎2号　青岛市农业科学研究院番茄课题组选育的番茄一代杂种。极早熟，有限生长类型，普通叶型，叶色浅绿。果色粉红，圆形，大小均匀，无青肩，平均单果重180～220克。较耐贮运。适合春、秋保护地栽培。适应喜食粉果番茄地区栽培，应适当密植（图3-4）。

5.齐达利　先正达公司选育。无限生长型，中熟品种。植株节间短。果实圆形偏扁，颜色美观，萼片开张，单果重约220克。果实硬度好，耐贮运。抗番茄黄化卷叶病毒、番茄花叶病毒、枯萎病、黄萎病。适宜西北区域秋延后栽培，东北越冬栽培。南方露地秋延后栽培，建议每平方米2.7株，每穗留4

图3-2　金冠5号

图3-3　双飞6号

图3-4　粉莎2号

图3-5 齐达利

图3-6 美丽莎

图3-7 莎龙

个果。在日光温室内栽培结果期温度控制在25～28℃，夜晚最低温度控制在10℃；建议降低使用保花保果激素浓度（图3-5）。

6.美丽莎 青岛市农业科学研究院培育的一代杂种。无限生长类型，大果型，果色红艳，圆整，大小均匀，无棱，果皮光滑，无青肩，总状花序。每穗可坐果6～10果，每穗留果4个，平均单果重150～180克，可溶性固形物含量4.8%。抗黄瓜花叶病毒和番茄花叶病毒，抗枯萎病、根结线虫病，中抗青枯病。每667米^{2}产量可达10 000千克，条件好的温室可达15 000千克。果实硬度大，耐贮运，室温（25℃）下贮放时间15～30天。适宜春、秋保护地、露地栽培（图3-6）。

7.莎龙 青岛市农业科学研究院培育的一代杂种。中熟，无限生长类型，生长势强，节间中长，坐果率高，每穗坐果5～7个。果色红艳，果实光滑美观，花萼狭长，果蒂小，经济性状好。单果重150～220克。可溶性固形物含量4.8%～5.2%。抗枯萎病、根结线虫病。每667米^{2}产量10 000千克。耐贮藏，室温下（25℃）货架期在18天以上。具有高产、优质、耐贮运等特点。特别适合出口蔬菜、长途运输蔬菜生产基地种植（图3-7）。

8. 莎彤　青岛市农业科学研究院培育的一代杂种。无限生长类型，生长势较强，抗枯萎病，高抗叶霉病等病害。中果型，红果，单果重200～220克，品质好，圆形或扁圆形，果实光滑美观。丰产性好，每667米^{2}产量10 000千克以上。耐贮藏，室温（25℃）下货架期在15天以上。在采收的盛期不断追肥，叶面喷0.3%磷酸二铵。下部果实采收后疏去底部老叶、病叶。因品种的坐果能力极强，故应在处理的同时及时疏掉多余的花（图3-8）。适合保护地、露地栽培。

图3-8　莎彤

9. 中杂201　中国农业科学院蔬菜花卉研究所选育。无限生长型，长势中等，早熟，幼果无绿果肩，果实均匀整齐，成熟果实粉红色，近圆形，单果重180～220克，商品率高。硬度高，耐贮存。抗番茄病毒病、叶霉病、枯萎病。适合日光温室和大棚栽培（图3-9）。

图3-9　中杂201

10. 硬粉8号　北京市农林科学院蔬菜研究中心培育的粉色硬肉大果品种，无限生长型，抗番茄花叶病毒病、叶霉病和枯萎病。花序紧凑，中熟偏早，比L402提早成熟5～7天。叶色浓绿，抗早衰，中熟显早。果形圆正，以圆形和稍扁圆为主，未成熟果显绿肩，成熟果粉红色，单果200～300克。果肉硬、果皮韧，耐裂果，耐运输。花芽分化期不要低于12℃，可采取控制水分来抑制营养生长，注重施用富钾肥。保护地栽培应采取蘸花保果措施，每穗留果3～4个。大棚栽

图3-10　硬粉8号

培每667米^{2}3 200～3 600株（图3-10）。适合春、秋大棚及春露地栽培。

图3-11　仙客8号

图3-12　金棚8号

图3-13　京番白玉堂

11. 仙客8号　北京市农林科学院蔬菜研究中心育成。中熟，无绿肩，成熟果粉红色、高硬度、果皮韧性好，耐裂果性强，单果重约200克，大果可达500克，商品果率高。高温逆境条件下连续结果性好，不易产生空洞果，具有对根结线虫、番茄花叶病毒病、枯萎病和叶霉病的复合抗性（图3-11）。

12. 金棚8号　西安金鹏种苗有限公司选育。无限生长类型，长势强，叶量大。果实微扁或圆形，幼果无绿肩，成熟果深粉红，低温下果色不易变黄。果面光滑，亮度高，果脐较小，畸形果率极低。果实硬度大，货架期长，长途运输损耗率低。平均单果重200～250克，果实大小均匀，商品率高。连续坐果能力强，可连续坐5～7穗果。抗番茄黄化曲叶病毒（TY）、抗番茄花叶病毒（TMV）。中熟，丰产性较好。适宜日光温室秋延后及春季露地或保护地栽培，也可作山区晚夏和冷凉地区大棚或露地栽培（图3-12）。

13. 京番白玉堂　国家蔬菜工程技术研究中心新培育的珍稀白果番茄杂交种。植株直立清秀，叶色黄绿。正圆果型，萼片规则美观，坐果均匀，单穗结果数4～6个。平均单果重150克。坐果至成熟期，果实持续呈现羊脂玉般白亮色，仅过度成熟后转红色。由于其果实为白玉色，具观赏性，硬度高，口感清脆，可切片食用，适合生态园栽培（图3-13）。

14. 佳红7号 北京市农林科学院蔬菜研究中心培育。无限生长，抗番茄花叶病毒病及枯萎病，生长势强，单果重150～180克，果实均匀，未成熟果无绿肩，成熟果色泽亮红，硬果，耐贮运性好，适合保护地及长季节栽培（图3-14）。

15. 浙粉702 早熟，无限生长类型，长势较强，叶色浓绿，叶片肥厚；第一花序节位6～7叶，花序间隔3叶，连续坐果能力强；果实高圆形，幼果淡绿色、无青肩，果面光滑，无棱沟；果洼小，果脐平，花痕小；成熟果粉红色，色泽鲜亮，着色一致；平均单果重250克左右（每穗留3～4果）；果皮、果肉厚，畸形果少，果实硬度好、耐贮运，商品性好，品质佳，宜生食。经鉴定，高抗番茄黄化曲叶病毒病、抗番茄叶霉病（图3-15）。

16. 佳粉19 北京市农林科学院蔬菜研究中心培育的粉色硬肉、耐贮运型番茄一代杂交种。无限生长，中熟。粉色果硬肉，抗裂果，耐运输。以圆形果为主，未成熟果有绿果肩，单果重200～250克，商品果率高。高抗叶霉病及病毒病，适合保护地兼露地栽培（图3-16）。

图3-14　佳红7号

图3-15　浙粉702

图3-16　佳粉19

（二）中小果型番茄

1. 喀秋莎 青岛市农业科学研究院培育的一代杂种。无限生长类型，中小果型。果色红艳，圆整，大小均匀，无棱，果皮光滑，无青肩，总状花序。每穗可坐果8～12个，平均单果重70克左右，可溶性固形物含量5.0%以上。

图3-17 喀秋莎

图3-18 樱莎红2号

图3-19 红太阳

抗番茄花叶病毒病、叶霉病，中抗根结线虫病。每667米^{2}产量可达10 000千克，条件好的冬暖棚可达15 000千克。果实硬度大，耐贮运，室温（25℃）下贮放时间12～15天。适宜春、秋保护地、露地栽培（图3-17）。

2. 樱莎红2号　青岛市农业科学研究院培育的樱桃番茄一代杂种。有限生长类型。生长势强，总状花序，隔一叶坐一穗果，坐果率高，经济性状好。果实卵圆形，单果重10～15克，平均每穗果8～12个，果实大红色，风味品质好，可溶性固形物含量可达7%。特耐贮藏，室温25℃下可贮藏20天以上。畸形果很少，基本无裂果。抗枯萎病、病毒病、叶霉病。高产，单季产量可达每667米^2 3 300千克。从播种至开始收获102天左右。耐低温、耐弱光，适应性强，适合保护地和露地栽培（图3-18）。

3. 红太阳　北京市农业技术推广站培育的一代杂种。无限生长型，中早熟。果实红色，圆球形，果肉多，口感酸甜适中，风味好，品质佳，抗病性强。单干或双干整枝，每穗坐果最高可达60多个，平均单果重15克左右。适宜于温室栽培，每667米^{2}栽培3 000株左右（图3-19）。

4. 圣女　农友种苗（中国）公司培育。无限生长型，早熟。植株高大，叶片较稀疏，每个花序最多可结60个，单果重14克。果实椭圆形，似枣，果面红亮，含糖量10%，果肉多，脆嫩，种子少，不易裂果，风味好。耐热，耐病毒病、叶斑病、晚疫病，特别耐贮运。适于全国各地露地和保护地栽培（图3-20）。

5.千禧　农友种苗（中国）有限公司选育。植株长势极强，生长健壮，属无限生长类型。单果重14克左右，果实圆球形，果肉厚，果色鲜红艳丽，风味甜美，不易裂果，产量高，采收期长。单穗可结果14～25个，单株坐果量大。株高150～200厘米，抗病性强，适应范围广（图3-21）。

6.冀东216　河北科技师范学院培育的水果型番茄。无限生长型，生长势中等。第1花序一般着生第6～8节位，花序间隔3片叶，每花序有花10～15朵，坐果能力强。成熟果为圆形，红色，稍有果肩，果面光滑。单果重38克左右。果肉较厚，耐贮运，酸甜适口，可溶性固形物含量为6%～9%。高抗叶霉病，抗病毒病，对青枯病也有较强的抗性，耐热性和耐低温性均较强。产量较高，每株留6～8个花序。也可落蔓生长（图3-22）。适合保护地秋冬、冬春栽培。

7.维纳斯　由北京农业技术推广站培育。杂交一代品种，无限生长类型，早熟。果实成熟后变为橙黄色，圆形果，果皮较薄，果肉较多，口感甜酸适度，风味好，品质佳，抗病性较强（图3-23）。

图3-20　圣女

图3-21　千禧

图3-22　冀东216

图3-23　维纳斯

8.黑珍珠　从德国引进的番茄品种，该品种为一代杂交种，属无限生长类型，从定植到初次采收需60～65天；中熟，果实成熟后为紫黑色，口感好、硬度高，极耐运输；植株生长健壮，连续结果性较强，每穗结果10个左右；果实为圆球形，红黑色，单果重18～20克，口感酸甜适度，特别适合鲜食；适应性广，耐热性较好，抗叶霉病、晚疫病。该品种植株生长旺盛，不宜密植（图3-24）。

图3-24　黑珍珠

四、主要设施类型及建造

（一）简易保护设施

主要分为地面简易覆盖和近地面覆盖。地面简易覆盖常见的有地膜覆盖、秸秆覆盖等，近地面覆盖包括阳畦、风障畦等（图4-1）。

地膜覆盖是塑料薄膜地面覆盖的简称，是现代农业生产中既简单又有效的增产措施之一。地膜种类较多，应用最广的为聚乙烯地膜，厚度多为0.005～0.015毫米。地膜覆盖可用于果菜类、叶菜类、瓜类、草莓等蔬菜作物的春早熟露地栽培；地膜覆盖还用于大棚、温室果菜类蔬菜栽培，以提高地温和降低空气湿度，一般在秋、冬、春设施栽培中应用较多；地膜覆盖也可用于各种蔬菜作物的播种育苗，以提高播种后的土壤温度和保持土壤湿度，有利发芽出土。

图4-1　地膜覆盖

（二）塑料薄膜棚

1. **小型塑料薄膜拱棚**　一般来说，小型塑料薄膜拱棚（小拱棚）高大多在1.0～1.5米，内部难以直立行走。小拱棚主要应用于：①耐寒蔬菜春提前、秋延后或越冬栽培。由于小拱棚可以覆盖草苫防寒，因此与大棚相比早春栽培可更加提前，晚秋栽培可更为延后。耐寒蔬菜如青蒜、白菜、香菜、菠菜、甘蓝等，可用小拱棚保护越冬。②果菜类蔬菜春季提早定植，如番茄、辣椒、茄子、西葫芦、草莓等。③早春育苗，如用于塑料薄膜大棚或露地栽培的春茬蔬菜及西瓜、甜瓜等育苗。

图4-2　拱圆形小拱棚

拱圆形小拱棚是生产上应用最多的类型，主要采用毛竹片、竹竿、荆条或直径6～8毫米的钢筋等材料，弯成宽1～3米，高1.0～1.5米的弓形骨架（图4-2）。骨架用竹竿或8号铅丝连成整体，上覆盖0.05～0.10毫米厚薄膜，外用压杆或压膜线等固定薄膜。小拱棚的长度不限，多为10～30米。通常为了提高小拱棚的防风、保温能力，除了在田间设置风障之外，夜间可在膜外加盖草苫、草袋片等防寒物。

2. **中型塑料薄膜棚**　中型塑料薄膜棚（中拱棚）的面积和空间比小拱棚大，人可在棚内直立操作，是小棚和大棚之间的中间类型。中型塑料薄膜棚主要为拱圆形结构，一般跨度为3～6米。在跨度为6米时，以棚高2.0～2.3米、肩高1.1～1.5米为宜；在跨度为4.5米时，以棚高1.7～1.8米、肩高1.0米为宜。长度可根据需要及地块形状确定。按建筑材料的不同，拱架可分为竹木结构中棚、钢架结构中棚、竹木与钢架混合结构中棚、镀锌钢管装配式中棚。中拱棚可用于果菜类蔬菜的春早熟或秋延后生产，也可用于采种。在中国南方多雨地区，中拱棚应用比较普遍，因其高度与跨度的比值比塑料薄膜大棚要大，有利雨水下流，不易积水形成"雨兜"，便于管理。

（1）**竹木结构中拱棚**　按棚的宽度插入5厘米宽的竹片，将其用铅丝上下绑缚一起形成拱圆形骨架，竹片入土深度25～30厘米。拱架间距为1米左右。

其构造参见竹木结构单栋大棚。竹木结构的中拱棚，跨度一般为4～6米，南方多用此棚型。

（2）**钢架结构中拱棚**　钢骨架中拱棚跨度较大，拱架有主架与副架之分。跨度为6米时，主架用直径4厘米（4分）钢管作上弦、直径12毫米钢筋作下弦制成桁架，副架用直径4厘米 钢管制成。主架1根，副架2根，相间排列。拱架间距1.0～1.1米。钢架结构也设3道横拉杆，用直径12毫米钢筋制成。横拉杆设在拱架中间及其两侧部分1/2处，在拱架主架下弦焊接，钢管副架焊短截钢筋与横拉杆连接。横拉杆距主架上弦和副架均为20厘米，拱架两侧的2道横拉杆，距拱架18厘米。钢架结构不设立柱（图4-3）。

图4-3　钢架结构中拱棚

（3）**混合结构**　其拱架也有主架与副架之分。主架为钢架，用料及制作与钢架结构的主架相同。副架用双层竹片绑紧做成。主架1根，副架2根，相间排列。拱架间距0.8～1.0米，混合结构设3道横拉杆，横拉杆用直径12毫米钢筋做成，横拉杆设在拱架中间及其两侧部分1/2处，在钢架主架下弦焊接。竹片副架设小木棒与横拉杆连接，其他均与钢架结构相同。

3.大型塑料薄膜棚

大型塑料薄膜棚，简称塑料大棚，它是用塑料薄膜覆盖的一种大型拱棚，和温室相比，它具有结构简单、建造和拆装方便、一次性投资较少等优点；与中小棚相比，又具有坚固耐用，使用寿命长，棚体空间大，有利作物生长，便于环境调控等优点。由于棚内空间大，作业方便，且可进行机械化耕作，使生产效率提高，所以是中国蔬菜保护地生产中重要的设施类型。

温馨提示

　　蔬菜大棚应选择建在地下水位低，水源充足、排灌方便、土质疏松肥沃无污染的地块上；以南北向为好，如受田块限制，东西向也可以，尽量避免斜向建棚。一般要求座向为南北走向，排风口设于东西两侧，有利于棚内湿度的降低；减少了棚内搭架栽培作物及高秆作物间的相互遮阴，使之受光均匀；避免了大棚在冬季进行通风（降温）、换气操作时，降温过快以及北风的侵入，同时增加了换气量。

　　（1）单栋大棚　生产上绝大多数使用的是单栋大棚，棚面有拱形和屋脊形两种。它以竹木、钢材、钢筋混凝土构件等做骨架材料，其规模各地不一。

　　①竹木结构单栋大棚。一般跨度为8～12米，脊高2.4～2.6米，长40～60米，一般每栋面积667米^{2}左右，由立柱（竹、木）、拱杆、拉杆、吊柱（悬柱）、棚膜、压杆（或压膜线）和地锚等构成（图4-4和图4-5），其用料见表4-1。

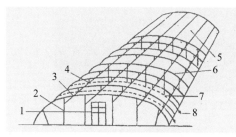

图4-4　竹木结构单栋大棚示意图
1.门　2.立柱　3.拉杆（纵向拉梁）　4.吊柱
5.棚膜　6.拱杆　7.压杆（压膜线）　8.地锚

图4-5　竹木结构单栋大棚

表4-1　667米^{2}竹木及竹木水泥混合结构大棚用料

用料种类	规格		用量	用途
	长（米）	直径（厘米）		
竹竿	6～7	4～5	120根	拱杆
竹竿或木棍	6～7	5～6	60根	拉杆
杨柳木或水泥柱	2.4	8×10	38根	中柱
	2.1	8×8	38根	腰柱
	1.7	7×7	38根	边柱
铅丝或压膜线	8号	—	50～60千克	压膜
	拉力80千克	—	8～9千克	压膜
门	1.5～2米	80	2副	出入口
薄膜	—	—	120～140千克	盖棚

大棚建造步骤：

定位：按照大棚宽度和长度确定大棚4个角，使之成直角，后打下定位桩，在定位桩之间拉好定位线，把地基铲平夯实，最好用水平仪矫正，使地基在一个平面上，以保持拱架的整齐度。

埋立柱：立柱起支撑拱杆和棚面的作用，纵横成直线排列。选直径4～6厘米的圆木或方木为柱材，立柱基部可用砖、石或混凝土墩，也可将木柱直接插入土中30～40厘米，立柱入土部分涂沥青以防止腐烂。上端锯成缺刻，缺刻下钻孔，以备固定棚架用。其纵向每隔0.8～1.0米设1根立柱，与拱杆间距一致，横向每隔2米左右1根立柱，立柱的直径为5～8厘米，中间最高，一般2.4～2.6米，向两侧逐渐变矮，形成自然拱形。这种竹木结构的大棚立柱较多，使大棚内遮阴面积大，作业也不方便，因此逐渐发展为"悬梁吊柱"形式，即将纵向立柱减少，而用固定在拉杆上的小悬柱代替。小悬柱的高度约30厘米，在拉杆上的间距为0.8～1.0米，与拱杆间距一致，一般可使立柱减少2/3，大大减少立柱形成的阴影，有利于光照，同时也便于作业。

固定拱杆：拱杆是塑料薄膜大棚的主骨架，决定大棚的形状和空间构成，还起支撑棚膜的作用。拱杆可用直径3～4厘米的竹竿或宽约5厘米、厚约1厘米的毛竹片按照大棚跨度要求连接构成，一般2～3根竹竿可对接完成一个完整的圆拱。拱杆两端插入地中，其余部分横向固定在立柱顶端，成为拱形，通常每隔0.8～1.0米设1道拱杆，埋好立柱后，沿棚两侧边线，对准立柱的顶端，把拱杆的粗端埋入土中30厘米左右，然后从大棚边向内逐个放在立柱顶端的豁口内，用铁丝固定。铁丝一定要缠好接口向下拧紧，以免扎破薄膜。

固定拉杆：拉杆是纵向连接立柱的横梁，对大棚骨架整体起加固作用。拉杆可用竹竿或木杆，通常用直径3～4厘米的竹竿作为拉杆，拉杆长度与棚体长度一致，顺着大棚的纵长方向，绑的位置距顶25～30厘米处，用铁丝绑牢，使之与拱杆连成一体。绑拉杆时，可用10号至16号铅丝穿过立柱上预先钻出的孔，用钳子将拉杆拧在立柱上。

盖膜：为了以后放风方便，也可将棚膜分成几大块，相互搭接在一起（重叠处宽要≥20厘米，每块棚膜边缘烙成筒状，内可穿绳），电熨斗加热黏接，便于从接缝处扒开缝隙放风。接缝位置通常是在棚顶部及两侧距地面约1米处。若大棚宽度小于10米，顶部可不留通风口；若大棚宽度大于10米，难以靠侧风口对流通风，就需在棚顶设通风口。棚膜四周近地面处至少要多留出30厘米（图4-6）。扣上塑料薄膜后，在两根拱杆之间放一根压膜线，压在薄膜上，使塑料薄膜绷平压紧，不能松动。压膜线两端应绑好横木埋实在土中，也可固定在大棚两侧的地锚上。

装门：用方木或木杆做门框，门框上钉上薄膜。

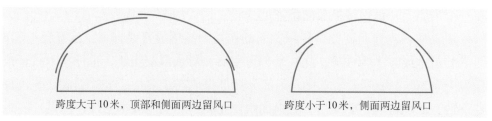

跨度大于10米，顶部和侧面两边留风口　　　　跨度小于10米，侧面两边留风口

图4-6　覆膜方式

②钢架结构单栋大棚。这种大棚的特点是坚固耐用，中间无柱或只有少量支柱，空间大，便于蔬菜作物生长和人工或机械作业，但一次性投资较大。这种大棚因骨架结构不同可分为：单梁拱架、双梁平面拱架、三角形（由三根钢筋组成）拱架。通常大棚宽10～15米，高2.8～3.5米，长度50～60米，单栋面积多

图4-7　钢架结构单栋大棚

为667～1000米^2。根据中国各地情况，单栋面积以每个棚667米^{2}为好，便于管理。棚向一般南北延长、东西朝向，这样的棚向光照比较均匀。单栋钢骨架大棚扣塑料棚膜及固定方式，与竹木结构大棚相同。大棚两端也有门，同时也应有天窗和侧窗通风（图4-7）。

③钢竹混合结构大棚。此种大棚的结构为每隔3米左右设一平面钢筋拱架，用钢筋或钢管作为纵向拉杆，约每隔2米一道，将拱架连接在一起。在纵向拉杆上每隔1.0~1.2米在短立柱顶上架设竹拱杆，与钢拱架相间排列。其他如棚膜、压杆（线）及门窗等均与竹木或钢结构大棚相同。钢竹混合结构大棚用钢量少，棚内无柱，既可降低建造成本，又可减少立柱遮光，改善作业条件，是一种较为实用的结构。

④镀锌钢管装配式大棚。这类大棚采用热浸镀锌的薄壁钢管为骨架建造而成，虽然造价较高，但由于它具有强度好、耐锈蚀、重量轻、易于安装拆卸、棚内无柱、采光好、作业方便等特点，同时其结构规范标准，可大批量工业化生产，所以在经济条件较好的地区，有较大面积推广应用。

（2）连栋大棚　由两栋或两栋以上的拱形或屋脊形单栋大棚连接而成，单

栋宽度 8～12 米。连栋大棚具覆盖面积大、土地利用较充分、棚内温度变化较平稳、便于机械耕作等优点（图4-8）。

图4-8　连栋大棚

（三）日光温室

日光温室是指以日光为能源，具有保温蓄热砌体围护和外覆盖保温措施的建筑砌体，冬季无需或只需少量补温，便能实现周年生产的一类具有中国特色的保护设施。

日光温室建造场地应选择地形开阔、高燥向阳、周围无高大树木及其他遮光物体的平地或南向坡地，避免选择遮光地方，确保光照充足。同时，应选择避风向阳之处，选择地应地势高燥、排水良好、水源充足、水质好土质肥沃疏松、有机质含量高、无盐渍化及其他土壤污染，距交通干线和电源较近，以有利于物质运输及生产。但应尽量避免在公路两侧，以防止车辆尾气和灰尘的污染。

1. 土墙竹木结构日光温室　土墙温室造价低，土墙具有良好的保温和贮热能力，而且这类温室均为半地下类型，其栽培效果较好；但夏季容易积水，易损毁，使用年限短。不同地区，这种温室各部分的具体尺寸和角度有些差别。

（1）墙体　选好建造场地后，用挖掘机将表层20厘米深范围内的土壤移出，置于温室南侧，将土堆砌成温室的后墙和侧墙，再用挖掘机或推土机碾实。注意，在留门的位置要预先用砖做成拱门（图4-9）。墙体堆好后，用挖掘机将墙体内层切削平整（图4-10），并将表层土壤回填。这样建成的温室墙体很厚，下部宽度达3～4米，上部也在1米以上。

图4-9　拱门　　　　　　　　　　　　图4-10　切削平整的墙体

（2）后屋面　后墙前埋设一排立柱，间距3米，以水泥柱为好，立柱上东西方向放置檩条。每段檩条长3米，在立柱顶部搭接，为保证坚固，可根据情况在两根立柱之间再支加强柱。在温室后墙顶部应先铺一层砖，檩条上铺椽子，椽子前端搭在檩条上，后部搭在后墙顶部的砖块上（图4-11）。或者在后墙内层，紧贴后墙加一排立柱，其上横放檩条，将椽子搭在上面（图4-12），此时温室的后屋面下方即有两排立柱。椽子上可铺芦苇帘，但最好用两层薄膜将玉米秸包起来，外面再盖土，这样温室的保温性能好，且不易腐朽。

图4-11　后墙顶部铺砖　　　　　　　　图4-12　后墙内层的立柱

图4-13　椽子直接搭在墙上

温馨提示

最好不要把椽子直接搭在土墙上，这样容易引起土墙坍塌，（图4-13）。

（3）前屋面　温室的前屋面下设置3排立柱（图4-14），若用竹竿作支柱，要提前用镰刀对竹竿、竹片修整毛刺，避免其划破薄膜，然后每一根拱杆下面设置3根立柱，每根拱杆均由上部的竹竿和接地部分的竹片组成，间距80厘米，最后用8号铅丝分别将各排立柱连接起来；若水泥立柱，同样设置3排，同一排立柱的间距为1.6米，立柱上放松木作拉杆（图4-15），为保证覆盖薄膜后压膜线压紧薄膜，拱杆和拉杆之间要有一定的间距，为此，可以在前两排立柱的拉杆之上再垫块砖（图4-16）。用竹竿和竹片作拱，即每道拱前端为竹片，后部为竹竿，最前一排立柱上不绑拉杆，而且是每根拱杆下都有小立柱，只是用铁丝把小立柱连接起来，这样，压膜线能将薄膜压紧，平面前部呈波浪状，减少"风鼓膜"现象。同时做好地锚，用于将来固定薄膜和草苫。

图4-14　三排立柱

图4-15　松木拉杆

图4-16　拉杆上垫砖

（4）薄膜　使用EVA薄膜或PVC薄膜，每年更换新膜。通常覆盖三块薄膜，留上下两个通风口。也可以覆盖两块薄膜，下部留一个通风口，上部设置拔风筒（图4-17），每隔3米设置1个拔风筒。拔风筒实际上是用塑料薄膜黏合而成的袖筒状塑料管，下端与温室薄膜粘合在一起，上端边缘包埋

一个铁丝环，铁丝环上连接细铁丝，筒内有一根竹竿通到温室内，支起竹竿可通风（图4-18），放下竹竿并稍加旋转可闭风（图4-19）。薄膜边缘要包埋尼龙

线，这样搭接处就可以紧密闭合。为了充分利用土地，减少出入口冷风进入，可以不在墙体上留门，而是在前屋面薄膜上留出入口（图4-20）。

图4-17　设置拔风筒

图4-18　竹竿支起（通风状态）

图4-19　竹竿放下且旋转（闭风状态）

图4-20　前屋面设置出入口

（5）其他　为充分发挥温室的保温性能，在温室上应该覆盖一层半或两层

图4-21　温室覆盖草苫

草苫（图4-21）。竹木结构的前屋面通常不能承受卷帘机的重量，需要人工卷放草苫。温室前屋面接近地面的位置，也是温室温度最低的位置，可在草苫外面额外再围一层草苫，提高保温效果。温室后屋面和后墙容易受到雨水冲刷，雨季前可在温室后屋面上覆盖废旧塑料薄膜，将后屋面表面连同后墙都盖住，或

者用石块、砖、水泥将墙体、后屋面都包起来更加坚固。

2.土墙钢筋拱架日光温室　这种温室的土墙保温、贮热性能良好，且使用了钢筋拱架，坚固耐用，中间无柱或只有少量支柱，空间大，便于蔬菜作物生长和人工或机械作业，但一次性投资较大。温室一般宽6.6～8米，高3.5米，墙体基部厚3米以上，后墙内侧高2.8米（图4-22）。双弦拱架，两弦之间采用工字形支撑形式，可节省钢筋，降低成本（图4-23）。但位于后屋面下的拱架部分应采用人字形支撑形式，以确保坚固性。若资金充足，整个拱架均应采用人字形支撑形式（图4-24）。

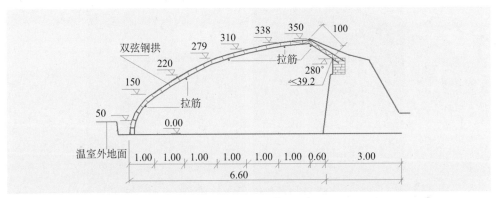

图4-22　结构图（单位：米）

图4-23　工字形拱架

图4-24　人字形拱架

建造流程同土墙竹木结构日光温室，但用钢筋或钢管焊接成钢筋拱架局部压力大，所以不能直接放置在后墙上，必先在后墙上加支撑物。可在后墙上砌6～7层砖，拱架放置在墙中，并用水泥浇筑（图4-25）。也可紧贴后墙埋设一排立柱，每个立柱顶部放置一块木头或一块黏土砖，支撑一个拱架（图

图4-25 后墙加支撑物

4-26）。为了顺利铺设后屋面，并防止拱架左右倾斜，在后屋面下位置、拱架两弦之间，最好能穿插一条脊檩，并埋设一排立柱进行支撑。温室前沿挖沟，用于安放拱架，拱架下方要垫砖或石块，防止沉陷（图4-27）。但最好还是在温室前沿砌筑矮墙，将拱架前端插入其中，并倒入水泥砂浆浇筑，这样做更加坚固。

图4-26 紧贴后墙埋设一排立柱

图4-27 拱架下方垫砖

温室前屋面共有5～6个拉筋（图4-28），将钢拱架连成一体，保证拱架在风、雪、雨等恶劣天气不致左右倾倒。拉筋焊接在拱架的下弦之上，便于覆盖薄膜后相邻拱架之间的压膜线能向下压紧薄膜。为确保坚固，还需在拱架侧面加拉筋固定拉杆，拉筋与拉杆呈三角形。另外，可在前屋面下临时设立木质支

图4-28 拉筋

柱或水泥支柱。

钢筋拱架的温室有足够的强度承托卷帘机的重量，因此可安装卷帘机，如"爬山虎"式卷帘机、"一排柱"式卷帘机。

3.其他主要推广类型

（1）土墙无柱桁架拱圆钢结构节能日光温室　跨度为7.5米，脊高3.5米，后屋面水平投影长度1.5米，后墙为土墙，高2.2米、基部厚度为3.0米、中部厚度为2.0米、顶部厚度为1.5米（图4-29）。

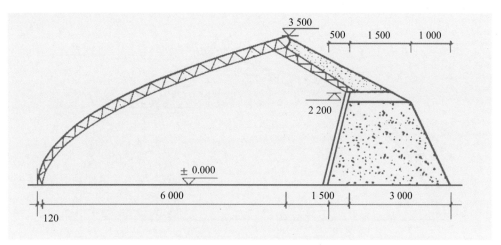

图4-29　土墙无柱桁架拱圆钢结构节能日光温室断面示意（单位：毫米）

（2）复合砖墙大跨度无柱桁架拱圆钢结构节能日光温室　跨度为12米，脊高5.5米，后屋面水平投影长度2.5米，后墙高3.2米、厚48厘米砖墙、中间夹12厘米厚聚苯板。适合果菜类蔬菜长季节栽培、果树栽培及工厂化育苗，是目前工厂化育苗大力推广的日光温室类型（图4-30）。

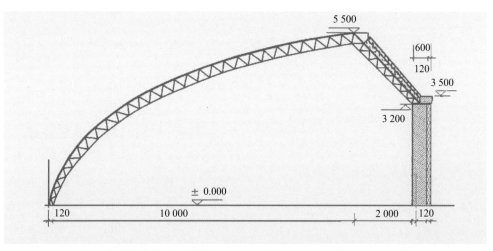

图4-30　复合砖墙大跨度无柱桁架拱圆钢结构节能日光温室断面示意（单位：毫米）

（3）新型土墙节能日光温室　它是一种土墙无柱桁架拱圆钢结构日光温室，跨度为8米，脊高4.5米，后屋面水平投影长度1.5米，后墙为3.0米高土墙，墙底厚度3.0米、墙顶厚度1.5米、平均厚度2.25米。该温室除墙体外，其他部分及温室性能与新型复合砖墙节能日光温室基本相同，是现阶段正大面积推广的日光温室类型（图4-31）。

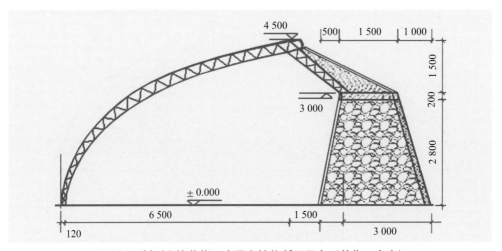

图4-31　新型土墙节能日光温室结构断面示意（单位：毫米）

五、高效栽培技术

（一）日光温室栽培技术

日光温室番茄栽培的茬口主要有春茬、冬春茬以及秋冬茬，以春茬和冬春茬的栽培效果最好。近年来，日光温室番茄越冬长季节栽培获得成功。该茬口正处在前期高温、中后期低温寡照的时期，栽培难度较大，但若温室环境管理良好，冬季日光温室内最低气温控制在8℃以上，外界平均日照百分率在60%以上，每667米²产量达20 000千克。

1. 冬春茬番茄栽培

冬春茬番茄多在9月上、中旬播种，苗龄50～60天。12月下旬至翌年1月上旬开始采收，6月中、下旬拉秧。

（1）**品种选择** 适宜日光温室栽培的番茄品种应具有质优、耐热、耐低温和弱光、能抗多种病害、植株开展度小、叶片疏、节间短、不易徒长等特点。

（2）**育苗**

①营养土的配制

配方一：大田土60%～70%、充分腐熟的有机肥30%～40%、少量化肥(每立方米营养土加氮磷钾复合肥2千克)、杀菌剂（50%多菌灵或其他杀菌剂80～100克）充分混合。如果有条件，每立方米营养土中再掺入10千克草炭，效果更好。

配方二：采用过筛园土、草炭、蛭石1：4：1进行配制。此外，每立方米营养土再添加膨化鸡粪600克，复合肥800～1000克。用这种配方配制的营养土，可保证番茄整个幼苗期对养分的需要。

配方三：如果采用穴盘育苗方式，为了减轻穴盘的重量、便于搬动、疏松土质，一般采用草炭和蛭石作为培养基质。春季育苗一般用草炭、蛭石按1∶1比例混合，夏秋育苗，温度较高还需添加珍珠岩，草炭、蛭石、珍珠岩按1∶1∶1混合，育苗后期，可喷少量0.1%～0.2%的氮磷钾复合肥浸泡液。此配方一般用于穴盘育苗。

②种子处理　播种前将番茄种子置于太阳下晾晒2～3天，之后对种子进行灭菌处理。预防细菌性病害，将高锰酸钾粉剂对水稀释成1000倍的药液，将种子放入药液中消毒15分钟，然后捞出种子，用清水反复冲洗干净。在播种前用10%磷酸三钠浸种20分钟，用清水洗净后在55℃水中浸泡20～25分钟，再在30℃水中浸种4～6小时。此方法为温汤浸种。此外，还可以采用药液浸种。预防番茄病毒病，可先将种子在清水中浸泡4～5小时，然后放入10%磷酸三钠或2%氢氧化钠溶液中浸泡20分钟，捞出后用清水冲洗干净。

温馨提示

胚根过长播种时容易折断。如果已经长出胚根又不能及时播种，可将发芽的种子置于低温环境下，也可以放在冰箱冷藏室中，抑制其生长。

图5-1　催芽后"露白"

浸种后将种子捞出，用干净的湿毛巾或湿纱布包好，在20～28℃的环境下催芽，开始温度高一些，以25～28℃为宜，后期温度低一些，以20～22℃为宜。在催芽过程中，每天打开布包，用温清水冲洗1～2次，洗去从种子里渗出的黏液，并让种子呼吸透气，以防霉烂。当种子露出白色胚根时即可播种（图5-1）。

③常规育苗　可采用营养钵育苗，有条件的可采用穴盘育苗、无土育苗。冬春茬番茄育苗期在12月上旬至翌年1月中、下旬，温度低、生长

慢，苗龄长，如果温室保温能力较差需要铺设电热温床缩短苗龄（图5-2）。每公顷种植60 000 ～ 75 000株，则需种量约为450克。如考虑到种子的发芽率、间苗、选苗等损耗，还应增加30%以上的种子量。每栽种1公顷温室番茄，需移栽床750 ～ 1 050米²。冬春茬栽培的番茄播种期

室内外气温比较适宜，在室内做育苗畦即可育苗。如利用营养钵或营养土方（5厘米×8厘米）直播育苗，做宽1米、长5 ～ 6米的畦，然后把营养钵摆放在畦内，一般可直播30克左右的种子。也可以育苗移栽，即在温室内做宽1 ～ 1.5米、长5米的畦，畦埂高10厘米，每畦撒施优质有机肥100千克，翻耕后耙平畦面，待播。

营养钵育苗：是一种常见的番茄育苗方式（图5-3），就是将营养土装入育苗钵中，播种后施药土覆盖。育苗钵大小以10厘米×10厘米或8厘米×10厘米为宜，装土量以虚土装至与钵口齐平为佳。装好土的营养钵在摆放好之后要浇足水，且浇水量要一致，从而保证育苗期间充足的水分供应。

放置半天，再浇一次小水，确保营养土充分吸水，然后播种。将种子平放在营养钵中央，随播种随覆土，用手抓一把潮湿的营养土放到种子上，形成2 ～ 3厘米厚的圆土堆。要做到覆土均匀，保证出苗整齐以及出苗后幼苗生长高度一致。低温季节育苗，播种后要在营养钵上覆盖地膜，增温保湿，必要时，还要在苗床上再搭建小拱棚保温。

图5-2　电热温床

图5-3　营养钵育苗

穴盘育苗：是以不同规格的专用穴盘做容器，用草炭、蛭石等轻质无土材料作基质，通过精量播种（一穴一粒）、覆土、浇水，一次成苗的现代化育苗技术。为了促使种子萌发整齐一致，播种之前应进行种子处理。为了适应精量播种的需要和提高苗床的利用效率，选用规格化穴盘，育苗时根据所培育秧苗苗龄不同进行选择。冬春季育苗，育成的番茄幼苗要达2叶1心，可选用288孔的穴盘；4～5叶的幼苗，选用128孔的穴盘；6叶幼苗则选用72孔的穴盘（图5-4）。夏季育苗，3叶1心幼苗选用200孔或288孔的穴盘。选择好合适的穴盘后，向营养土中喷水，将其拌潮湿，然后向穴盘中铺营养土，用板刮平，在装好营养土的苗盘上覆盖一个空穴盘，用两手手掌摁压，使下面苗盘中的基质下陷，形成一种能够播种的凹坑。将种子放在穴盘里，每个穴放一粒种子，再撒上一层基质，要求将基质撒满穴盘，然后

图5-4　72孔穴盘

用木板刮平即可。播种后，再用小喷壶浇透水。将播种后的苗盘摆放整齐，其上覆盖地膜保湿，有幼苗出土后，再将薄膜揭去。以后每1～2天喷水一次。

④嫁接育苗　日光温室冬春茬番茄栽培可以采用嫁接育苗技术。一般砧木为野生番茄，同时也要根据不同的种植茬口选择不同的番茄品种。嫁接方法可采用靠接、插接等。嫁接苗应放在遮阴的塑料棚中，保持气温为20～23℃，空气相对湿度90%以上。嫁接后第3天开始见弱光，此后的3～4天内逐渐加强光照强度以恢复光合作用。当接口完全愈合后，即可撤除遮光覆盖物，进行正常苗期管理。

劈接法：这种嫁接方法主要用于茄果类蔬菜的嫁接栽培，其方法接口面积大，嫁接部位不易脱离或折断，而且接穗能被砧木接口完全夹住，不会发生不定根。但是接穗无根，嫁接后需要进行细致管理。砧木比接穗提前播种，播种的天数要根据砧木和接穗的生长速度而定。劈接时砧木和接穗最好粗细相近。嫁接时，砧木应有4～5片展开的真叶，接穗要比砧木略小，应有4片展开真叶；嫁接时，要从砧木的第3和第4片真叶中间把茎横向切断。然后从砧木茎横断面的中央，纵向向下割成1.5厘米左右的接口。再把接穗苗，在第2

片真叶和第3片真叶中间稍靠近第2片真叶处连同叶片一起平切掉，保留上部，将基部两面削成1.5厘米长的楔形接口。最后把接穗的楔形切口对准形成层插进砧木的纵接口中，用嫁接夹固定（图5-5至图5-9）。注意遮阴保湿，过7～10天接穗成活（已见生长时），把夹子除掉。

图5-5　横切砧木

图5-6　劈开砧木

图5-7　接穗楔形

图5-8　接穗插入砧木中

图5-9　嫁接夹固定

靠接法：此法因嫁接前期接穗和砧木均保留根系，所以容易成活，便于操作管理。靠接法在培育砧木和接穗幼苗时，种子应先后进行浸种催芽，接穗的种子宜比砧木早播种5～6天。在砧木苗和接穗苗展开4～5片真叶时为嫁接适期。先把接穗苗放在不持刀手的手掌上，苗梢朝向指尖，斜着捏住，在子叶与第1片真叶之间，用刀片按35°～45°角向上把茎削成斜切口，深度为茎粗的1/2～2/3，注意下刀部位在第1片真叶的侧面，长度与接穗苗切口基本一致。把砧木上梢去掉，留下3片真叶，在嫁接成活以前要保留这3片真叶，这样便于与接穗苗相区别。在砧木上，用刀在第1片真叶下部、侧面，按35°～45°角，斜着向下切到茎粗的1/2处，呈楔形。将接穗切口插入砧木切口内，使两个接口嵌合在一起，再用嫁接夹固定。嫁接10天左右，接穗开始升长，选择晴天下午，切断嫁接部位下侧接穗的茎，即断根（图5-10至图5-15）。

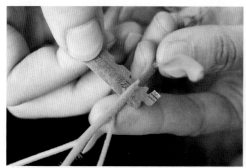

图5-10　斜切接穗

图5-11　切掉砧木上端

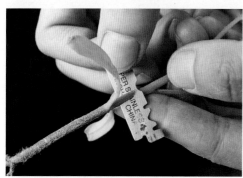

图5-12　斜切砧木

图5-13　砧木与接穗切口嵌合

图5-14　嫁接夹固定

图5-15　断根

⑤苗期管理

温度管理：见表5-1。

表5-1　苗期温度管理

时期	白天适宜温度	夜间适宜温度
播种至出苗前	25～28℃	12～18℃
出苗后至第1片真叶展开	15～17℃	10～12℃
第1片真叶展开后	25～28℃	20～18℃
备注：遇阴雪天气，中午苗床最高气温不应低于15℃，夜间最低气温不低于10℃。		

水肥管理：苗期水分管理对培育壮苗非常重要，一般在播种时浇1次透水后，至出苗前不再浇水。出苗后至分苗期间尽量少浇水，但每次浇水必定要浇足。如苗床育苗采取开沟坐水后移苗，可维持相当长的时间不必补水，直到定植前起苗时才浇水；如采用营养钵或营养土方育苗，一般是幼苗出现轻度萎蔫时才补水。在育苗中、后期，如植株生长迟缓，叶色较淡或子叶黄化，则要及时补充养分。叶面追肥可用0.2%磷酸二氢钾和1%葡萄糖喷雾。

在光照管理上，尽可能延长温室受光时间，覆盖高光效塑料薄膜，随时清洁温室屋面，增加透光性能；在温室后墙张挂反光幕等（图5-16）。在有条件的地方，可采用人工补光措施，提高秧苗的质量。

（3）定植

①定植时间　1月底至2月底定植。但日光温室冬春茬番茄定植时

图5-16　反光幕

的适宜苗龄，依品种及育苗方式不同而有差别，一般早熟品种为50～60天，中熟品种为60～70天。从生理苗龄上看，苗高20～25厘米，具7～9片真叶，茎粗0.5～0.6厘米，现大蕾时定植较为合适。

②整地施肥　定植前需对土壤进行翻耕、施肥和消毒。

在中等土壤肥力条件下，每公顷施腐熟优质有机肥150米^3。结合深翻地

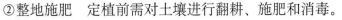

先铺施有机肥总量的60%作基肥，进行高畦双行栽培，畦间距70厘米，畦内行距45厘米，株距30～35厘米，畦内开小沟，在畦上铺设1道或2道塑料滴灌软管，再用90～100厘米宽银黑两面地膜覆盖，银面朝上。

③定植密度　定植密度与整枝方式有关，采用常规整枝方式，小行距50厘米，大行距60厘米，株距30厘米。每公顷保苗52 500株；如采用连续换头整枝法，小行距为90厘米，大行距1.1米，株距30～33厘米，每667米²保苗1 800～2 000株。定植时在膜上打孔定植，苗坨低于畦面1厘米，然后再用土把定植孔封严。定植后随即浇透水。

（4）定植后的管理

①温度管理　定植后5～6天内不通风，给予高温、高湿环境促进缓苗。如气温超过30℃且秧苗出现萎蔫时，可采取回苫遮阴的方法，秧苗即可恢复正常。其他时期温度管理见表5-2。

表5-2　定植后温度管理

时期	白天适宜温度	夜间适宜温度
缓苗期	28～30℃	20～18℃
缓苗后	26℃	15℃
花期	26～30℃	18℃
坐果后	26～30℃	18～20℃

备注：外界最低气温下降到12℃时，为夜间密封棚的温度指标。

②肥水管理　在浇定植水和缓苗水时，要使20～30厘米土层接近田间持水量，可维持一段时间不浇水。当第1穗最大果直径达到3厘米左右时，浇水结束蹲苗。第1穗果直径4～5厘米大小，第2穗果已坐住时进行水肥齐攻，可在畦边开小沟每公顷追施复合肥225千克或随滴灌施尿素150千克（图5-17），每公顷的灌水量225米³左右。但是此时浇水还需依据20厘米

土层的相对湿度，如接近60%时才应浇水。此后番茄生长速度不断加快，当土壤相对湿度降到70%时即行浇水。在番茄结果盛期需水量大，当土壤相对湿度达到80%时即需要补水。到生长后期，主要是促进果实成熟，所以不再强调补水。

③光照调节　番茄生长发育需光量较高，光的饱和点是70 000勒克

图5-17　滴灌

斯，冬季日光温室难以达到这样的强度，因此必须重视尽量延长光照时间和增加光照强度。调节的措施有：清洁屋面塑料薄膜；选用适合温室栽培的专用品种，这种专用品种的植株开展度小，叶片疏，透光性好；在温室后墙张挂反光幕，增加温室后部植株间光照强度；适当加宽行距，减小密度，以改善通风透光条件。

④植株调整

吊蔓或绑蔓：番茄的大多数品种茎都是呈蔓性、半蔓性，木质化程度不高，当株高40厘米时，茎因承受不了枝叶的重量而倒伏。一般会采用吊架或支架方式进行吊蔓或绑蔓。这样不但可以方便田间操作，而且可

以改善田间通风透光性，减轻病虫危害的机会，提高产量和品质。采用单绳吊蔓，能够减少遮阴，而且作业方便迅速，绳的一端固定在温室的骨架上，绳的另一端绑短竹竿插入土中或绑在茎的基部，绳要拉紧，避免植株倾斜，随着植株的生长，及时将茎蔓缠绕在绳上；采用竹竿支架绑蔓，支架的形式有篱架、"人"字形架等（图5-18和图5-19）。进入开花期进行第一次绑蔓。绑蔓部位在花穗之下，起到支撑果穗的作用。绑蔓时注意将花序朝向走道的方向，以便以后进行蘸花和摘果。花穗不要夹

图5-18　篱架

图5-19 "人"字形架

在茎与架竿之间，绑蔓时不能过紧，以放进手指为宜，为茎以后生长留有余地。每一穗果实下面都要绑一道。如果植株徒长，可将蔓绑紧些，可抑制其生长。绑蔓可以采用台湾产的绑蔓器，绑蔓器的操作速度是人工的3～4倍。

打杈：番茄茎、叶茂盛，侧枝发生能力强，生长发育快，为避免消耗过多养分，需要摘除叶腋中长出的多余无用的侧枝，即打杈。打杈要注意时机，一般要等到侧枝生长到7.5～10厘米时才打杈（图5-20）。打杈要选在晴天进行，最好在上午10时至下午3时，这时温度高，伤口易愈合。打杈前，要先把手和剪枝工具消毒处理，可用75%的酒精溶液或高锰酸钾溶液。打杈时一般应留1～3片叶，不宜从基部掰掉，以防损伤主干。注意，当发现有病毒病株时，应先进行无病株的整枝打杈，后进行病株的处理。

图5-20 打杈

整枝：生产上常采用的整枝方法主要有以下3种。

单干整枝法是目前番茄生产上普遍采用的一种整枝方法，每株只留1个主干，把所有的侧枝陆续全部摘除，可留3～8穗果后摘心，即在最后一穗果的上方保留2～3片叶，摘除生长点，也可不摘心，不断落蔓。单株留果数和栽培密度有密切关系。单干整枝法一般保留3～4穗果的植株，每667米² 3 500～5 000株。此法使果形大、早熟性好、前期产量高，但用苗量大、成本高、总产量低、易早衰。适宜于温室大棚隔茬栽培，多用于生长势很强的品种，尤其适宜于留果少的早熟密植矮架栽培的无限生长型品种。

双干整枝法指除留主干外，再留第一花序下生长出来的第一侧枝，而把其他侧枝全部摘除，让选留的侧枝和主枝同时生长。此法用苗量少、结果期长、长势旺、单株产量高，但早期产量低、单果重量轻、早熟性差，多在露地栽培采用，适宜于土壤肥力较高的地块和生长势较强的品种。

　　连续换头整枝法是在第一花序坐果，第二花序开花时，在第二花序上留2～3片叶摘心，培养第一花序下侧的侧芽代替主干，同样使其着生2个花序后，在第四花序上留2～3叶摘心，再选留一个侧芽代替主干，使其着生2个花序，如此可进行3～4次，可保留3～4个结果枝，6～8穗果。采用此法比一般整枝法约增产20%，但是后期枝叶繁茂，通风透气差，空气温、湿度较高，适宜于结果多的中晚熟无限生长种。

　　摘除老叶：随着植株的生长，番茄下部叶片逐渐老化，成为植株的负担；其次老叶使植株郁闭，田间通风透光性变差；同时老叶与地面接近，而土壤又是多种病菌的寄存场所，老叶的存在容易引发病害。因此，摘除下部老叶能降低养分消耗，能有效改善株行间的通风透光性，促进番茄转色，减少病虫害的发生（图5-21）。

　　⑤保花保果　番茄属于自花授粉作物，露地栽培时，环境正常，可自行授粉结实。但是，温室内空气湿度较大，花药不易开裂，加之有时气温偏低，导致自花授粉、受精能力差，容易落花、落果。因此，需要采取一些措施来促进坐果。可应用番茄振荡授粉器、生长调节药剂蘸花，或用熊蜂授粉（图5-22）。

图5-21　摘除下部老叶

图5-22　熊蜂授粉

⑥补充二氧化碳　补充二氧化碳的时间在第1～2花序的果实膨大生长时，浓度以700～1 000毫克/升为宜。一般在晴天日出后施用，封闭温室2小时左右，放风前30分钟停止施放，阴天不施放。

⑦异常天气管理　在北方冬春季节，温室生产常会遇到寒流或连续阴、雪（雨）天气，对日光温室冬春茬番茄生产带来威胁。在这种异常天气条件下，往往不能正常打开草苫或保温被，使温室内得不到阳光，温度又得不到补充，导致室内气温和地温下降，造成植株受寒害或冻害。克服方法是一定要选用能充分采光并具有良好的防寒保温能力的日光温室；在阴天外界温度不太低时（保证室温在5～8℃以上）于中午前后要揭苫见散射光；注意控水和适当放风，防止室内湿度过大而发病；如久阴后天气暴晴，不能立即全部揭开草苫或蒲席，因为打开草苫后阳光射入后使温室内温度骤升，番茄叶片蒸腾量加大而发生萎蔫（图5-23）。在管理上应特别注意在发现番茄叶片萎蔫时放下草苫（回苫），待叶片恢复正常后，再打开草苫见光，经过几次反复后，叶片即不会再发生萎蔫现象。

图5-23　揭苫防风

2.秋冬茬番茄栽培

秋冬茬番茄播种期应根据当地气候条件具体确定，产品主要与塑料大棚秋番茄及日光温室冬春茬番茄产品相衔接，即避开大棚秋番茄产量高峰，填补冬季市场供应的空白，所以，其播种期一般比塑料大棚秋番茄稍晚，华北地区的播种期一般在7月下旬，苗龄20天左右。11月中旬始收，翌年1月中旬至2月中旬拉秧。

（1）品种选择　可选用无限生长类型的晚熟品种，要求栽培品种抗病，尤其是抗病毒病，耐热，生长势强，大果型。

（2）育苗　参考日光温室冬春茬番茄栽培，但需注意的是：

①注意排水遮阳。日光温室秋冬茬番茄的育苗期正值高温多雨季节，苗床必须能防雨涝、通风、降温，最好选择地势高燥、排水良好的地块做育苗畦。畦上设1.5～2米高的塑料拱棚，棚内做1～1.5米宽的育苗畦（图5-24），施腐熟有机肥每平方米20千克，肥土混匀，耙平畦面，或用营养钵育苗。在拱

棚外加设遮阳网，或覆盖其他遮阴材料，如苇帘等。

②防止幼苗徒长　但在苗期管理上，要注意避免干旱，保持见干见湿，及时打药防治蚜虫，以防传播病毒病。此时土壤蒸发量大，浇水比较勤，昼夜温差小，因此幼苗极易徒长（图5-25），可喷施0.05%～0.1%的矮壮素。秋冬茬番茄定植时的苗龄以3～4片叶、株高15～20厘米、经20天左右育成的苗子较为合适。

图5-24　塑料拱棚育苗畦　　　　　　　图5-25　徒长苗

（3）定植　一般在8月中旬至9月初定植。在定植前应在日光温室采光膜外加盖遮阳网，薄膜的前底脚开通风口。每公顷施有机肥75 000千克。按60厘米大行距、50厘米小行距开定植沟，株距30厘米。定植方法同日光温室冬春茬番茄栽培，可在株间点施磷酸二铵每公顷600千克。每公顷保苗55 500株。

（4）定植后的管理　参考日光温室冬春茬番茄栽培，但需注意的是：定植后2～3天，土壤墒情合适时中耕松土1次，同时进行培垄。缓苗期如发现有感染病毒病的植株，要及时拔除，将工具和手消毒处理后再行补苗。现蕾期适当控制浇水，促进发根，防止徒长和落花。不出现干旱不浇水。

浇水要在清晨或傍晚进行。开花时用番茄灵或番茄丰产剂2号处理，浓度为20～25毫克/升。处理方法同冬春茬番茄栽培。当第1穗果长到核桃大小时，结束蹲苗，开始追肥浇水。每公顷随水追施农家液态有机肥4 500千克或尿素300千克。第2穗果实膨大时喷0.3%磷酸二氢钾。整枝用单干整枝法。第1穗果达到绿熟期后，摘除下面全部叶片。第3花序开花后，在花序上留2片叶摘心。上部发出的侧枝不摘除，以防下部卷叶。一般每果穗留4～5个果，大果型品种留3～4个果。

3. 春茬番茄栽培

进行春茬番茄栽培，必须选用具有较好的采光及保温性能的日光温室，同时，最好准备临时补充加温设备，以提高生产的安全性。日光温室春茬番茄栽培的适宜栽培品种基本与冬春茬栽培相同。播种期在11月中下旬，定植期在翌年的1月中下旬，收获期在2月下旬、3月上旬，约6月中下旬结束栽培。栽培方法参考日光温室春茬番茄栽培，需注意以下几点：

（1）育苗及苗期管理　这一茬番茄的育苗期已是冬初，在北纬40°以北的地区，要用温床或电热温床育苗。浸种催芽方法、播种方法和冬春茬栽培相同。播种后尽量提高温度，以促进出苗。当70%番茄出苗后，撤去覆盖在畦面上的地膜，白天保持25℃左右，夜间10～13℃。第1片真叶出现后提高温度，白天25～30℃，夜间13～15℃，随外界气温逐渐下降，应注意及时覆盖温室薄膜或在育苗畦上加盖小拱棚保温。当第2片真叶展开时进行移苗，移栽方法与冬春茬栽培相同；如采用营养钵育苗，应在幼苗长至5～6片叶时，拉大苗钵间的距离（图5-26），避免幼苗相互遮光，防止徒长。移栽缓慢后，在温室后墙张挂反光膜，改善苗床光照条件。定植前5天左右，加大防风量，除遇降温外，一般夜温可降至6℃左右。

（2）定植　春茬番茄的定植适宜苗龄为8～9片叶，现大蕾，约需70天。定植温室每公顷施腐熟有机肥75 000千克，深翻40厘米，掺匀肥、土，耙平畦面。按大行距60厘米、小行距50厘米 开定植沟待播。定植株距28～30厘米，株间点施磷酸二铵每公顷600～750千克。每公顷保苗55 500～60 000株，覆盖地膜。

（3）定植后的管理　定植后，温室温度管理应以保温为主，不超过30℃不放风。缓苗后及时进行中耕培土，以提高地温。白天保持25℃左右，超过25℃即可通风。下午温度降到20℃左右时，关闭通风口（图5-27）。前半夜保持15℃以上，后半夜10～13℃。在定植水充足的情况下，于第1穗果坐住前一般不浇水，当其达到核桃大时，开始浇水施肥，每公顷随水施硝酸铵300～375千克。第2穗果膨大时再随水施入相同量的磷酸二铵。第3穗果膨大时每公顷追施300千克硫酸钾。经常保持土壤相对含水量在80%左右。果实膨大期不能缺水，可隔7～10天选晴天浇1次水。浇水后加大通风量，降低温室湿度。春茬番茄采用单干整枝。若留4穗果，可在第4果穗以上留2片叶后摘心，自这2片叶叶腋中长出的侧枝应予保留。每穗留3～4个果。

图5-26　拉大苗钵间距

图5-27　通风口关闭

4．长季节番茄栽培

日光温室番茄长季节高产栽培既省种、省工，又可通过延长番茄的生长期和结果期，保证番茄的周年均衡供应。因此，长季节番茄栽培在提高温室利用率的同时还能增加经济效益，有较大的发展潜力。应选择跨度大，仰角高的日光温室或连栋温室。栽培方法参考日光温室春茬番茄栽培，需注意以下几点：

（1）品种选择　应选用连续结果能力强，耐低温、弱光，抗逆性强，抗病等品种。

（2）育苗　播种期在7月中旬至8月中旬为宜，一般不需分苗，苗龄25天左右即可定植。我国长江以北，高效节能温室面积较大，各地应根据当地当年的气候条件，选择具体的适宜播种期。一般来讲，北京以北的省份播种期以7月中、下旬或再适当提早几天为宜，北京以南的省份播种期可选在7月下旬或8月中旬。

采用育苗盘（钵）育苗。自播种至出苗，白天温度为30 ～ 32℃，夜间20 ～ 25℃。基质温度为20 ～ 22℃。出苗至2 ～ 3片真叶期，白天保持20 ～ 25℃，夜间18 ～ 20℃，基质温度为20 ～ 22℃。注意应用遮阳网调节光照和温度。苗期防止基质干旱，一般隔3 ～ 5天向基质喷1次水。

（3）整地施肥与定植　定植前清洁温室环境，深翻地30厘米，封闭温室进行高温灭菌。每公顷施入腐熟优质厩肥150米^3。厩肥的60%结合翻地先行铺施，其余厩肥和鸡粪及复合肥沟施。沟上做畦，畦宽60厘米，高10厘米，畦间距80厘米。定植密度：行距40厘米，株距31厘米，每公顷保苗45 000株。

（4）定植后管理　定植后，外界气温较高，宜用小水勤浇以降低地温，一般每公顷灌水105米^{3}左右；第1穗果直径达4 ～ 5厘米，第2穗果已经坐住后，进行催果壮秧，每公顷追施复合肥225千克，或随水追施尿素150千克，灌水量为225米³左右。以后每7～10天浇水一次，每公顷灌水120～150米³。10月中旬后应控制浇水。

采用单干整枝，花期用30～50毫克/升防落素喷花保果，同时注意疏花、疏果，每穗留果3～5个。喷花后7～15天摘除幼果残留的花瓣、柱头，以防止灰

图5-28　下部茎蔓顺行平铺

霉病菌侵染。当茎蔓长至快接近温室顶部时，应及时往下落蔓，每次落蔓50厘米左右，将下部茎蔓沿种植畦的方向平放于畦面的两边（图5-28），同一畦的两行植株卧向相反。

（5）**采收期管理**　在正常情况下，番茄果实可在10月下旬至11月上旬开始采收。越冬期注意防寒保温。阴天室内温度应比正常管理低3～5℃。翌年4月气温逐步升高，应注意加大通风量，外界气温达15℃时，应昼夜开放顶窗通风。进入5月后，进行大通风，并根据气温情况开始进行遮阳降温。进入11月后减少浇水量，每20～30天浇一次水，每公顷每次浇水150～225米³。翌年进入4月后，随着气温回升，应加大浇水量，一般7天左右浇一次，每公顷每次浇水150米³左右。自定植到采收结束，共计浇水20～25次，每公顷总浇水量4 500～5 100米³。

（二）塑料大棚栽培技术

1.春季早熟栽培

（1）**品种选择**　大棚番茄春季早熟栽培应选择抗寒性强、抗病、分枝性弱、株型紧凑、适于密植的早中熟丰产品种。其第1、2穗果实数目较多，果型中等大小者对增加早期产量更为有利。

（2）**播种育苗**　塑料大棚春番茄北方多在日光温室育苗，也可以在温室播种出苗后移植（分苗）到小拱棚或大棚内成苗。南方多在塑料大棚内搭建小拱棚播种育苗。在大拱棚内育苗时，为了解决地温低的矛盾，多采用电热线育苗，可按80瓦/米²埋设电热线，效果很好。育苗方法参考日光温室春茬番茄

栽培，但需注意以下几点：

①播种期确定　一般是3月下旬定植，应根据当地的定植期来推算播种期。大棚春番茄定植时，要求幼苗株高20厘米左右，有6～8片叶，第1花序显蕾，茎粗壮、节间短、叶片浓绿肥厚，根系发达、无病虫害。按常规育苗方法，苗龄需65～70天，温床育苗50～60天，穴盘育苗只需45天，可由此推算播种期，以保证早熟和丰产。

②分苗　一般应在番茄幼苗2叶期分苗，此时第1花序开始花芽分化（图5-29）。分苗的株、行距为10厘米×10厘米，也可分入营养钵（图5-30）。分苗应选择晴天上午进行，分苗时先向苗床浇水，然后将幼苗连根拔起，然后移栽，完成分苗。分苗后立即浇水，底水要充足。分苗后至缓苗前要保持白天25～28℃，夜间15～18℃。缓苗后白天20～25℃，夜间12～15℃。地温不低于20℃，可促进根系发育。大棚番茄育苗时若配制的营养土比较肥沃，可以不必追肥，但可进行根外追肥，浓度为0.2%～0.3%的尿素和磷酸二氢钾喷洒叶面。若用电热线育苗，苗期需补充水分，但浇水量宜小不宜大，以免降低地温；若为冷床育苗，原则上用覆湿土的办法保墒即可。

图5-29　达到分苗标准的苗

图5-30　分苗移栽营养钵

（3）定植　塑料大棚番茄春早熟栽培的定植期应尽量提早，但也必须保证幼苗安全，不受冻害。要求棚内10厘米最低地温稳定在10℃以上，气温5～8℃，若定植过早，地温过低，迟迟不能缓苗，反而不能早熟。定植前应结合深翻地每公顷施入腐熟有机肥75～105吨，磷酸二铵300千克，硫酸钾450～600千克。栽培畦可以是平畦，畦宽1.2～1.5米。也可为高畦（南方多为高畦），畦高10厘米，宽60～70厘米。北方地区早春寒潮频繁，应选择寒潮刚过的"冷尾暖头"的晴天定植。定植密度一般早熟品种每公顷75 000株左右，中熟品种60 000株左右较为适宜。定植深度以苗坨低于畦面1厘米左右为宜。定植后立即浇水，并覆盖地膜。

（4）定植后管理

①结果前期管理　从定植到第1穗果膨大，关键是防冻保苗，力争尽早缓苗。定植后3～4天内不通风，白天棚温维持在28～30℃，夜温15～18℃，缓苗期需5～7天。缓苗后，开始通风，白天棚温20～25℃，夜温不低于15℃，白天最高棚温不超过30℃，对番茄的营养生长和生殖生长都有利。定植缓苗后10天左右，番茄第1花序开花，这时要控制营养生长，促进生殖生长，具体措施是适当降低棚温，及时进行深中耕蹲苗。切忌正开花时浇大水，避免因细胞膨压的突然变化而造成落花。待到第1果核桃大小，第2穗果已经基本坐住，结束蹲苗，及时浇水追肥，水量要充足；灌水过早易引起生长失衡，植株过大郁蔽，影响果实发育和产量提高。早熟栽培多采用单干整枝，留2～3穗果摘心。每穗留花4～5朵，其余疏除。为保花保果，常用2，4-D处理，浓度为12～15毫克/千克；也可用番茄灵20～30毫克/千克喷花，但一定不要喷在植株生长点上，否则易发生药害。每花序只喷1次，当花序有半数花蕾开放时处理即可。由沈阳农业大学研制的"沈农番茄丰产剂2号"是一种比较安全无害的生长调节剂，使用浓度为75～100倍液，每花序有3～4朵花开放时，用喷花或蘸花的方法处理（图5-31）。

②盛果期与后期管理

温度管理：结果期棚温不可过高，白天适宜的棚温为25℃左右，夜间15℃左右，最高棚温不宜高于35℃，昼夜温差保持10～15℃为宜。盛果期适宜地温范围为20～23℃，不宜高于33℃。盛果期要加大通风量，当外界最低气温不低于15℃时，可昼夜通风不再关闭通风口（图5-32）。

图5-31　蘸花

图5-32　打开通风口

水肥管理：盛果期要保证充足的水肥，第1穗果坐住后，并有一定大小（直径2～3厘米，因品种而异），幼果由细胞分裂转入细胞迅速膨大时期，必须浇水追肥，促进果实迅速膨大。每公顷追施氮、磷、钾复合肥225～375千克。当果实由青转白时，追第2次肥，早熟品种一般追肥2次，中晚熟品种需追肥3～4次。盛果期必须肥水充足，浇水要均匀，不可忽大忽小，否则会出现空洞果、裂果或脐腐病。结果后期，温度过高，更不能缺水。大棚番茄在结果期宜保持80%的土壤相对湿度，盛果期可达90%。但总的灌水量及灌水次数较露地为少，灌水后应加强通风，否则因高温高湿易感染病害。

植株调整：大棚内高温、高湿、光照较弱，极易引起番茄营养生长过旺，侧枝多生长快，必须及时整枝打杈。在一年可种两茬的地方，春季早熟栽培，不主张多留果穗，以争取早熟和前期产量为主，争取较高的经济效益。高寒地区无霜期短，一年只种一茬，可以多留果穗，放高秧，以争取丰产。缚蔓（或吊蔓）随植株生长要不断进行，当第1穗果坐果后，要将果穗以下叶片全部摘除，以减少养分消耗，有利于通风透光。大棚春番茄常常出现畸形果、空洞果、裂果等现象，要注意预防。

2. 秋季延后栽培

塑料大棚秋季延后栽培的番茄，其产品弥补了露地番茄拉秧后的市场空缺，由于生产投入较低，栽培技术又不复杂，产量可达30～45吨/公顷，所以受到生产者的欢迎。大棚番茄秋季延后栽培主要在华北地区和长江流域的江苏、浙江等地较普遍。

（1）品种选择　大棚番茄秋季延后栽培针对前期高温、多雨、后期气温又急剧下降的气候特点，要求品种抗热又耐寒，抗病毒病的大果型中、晚熟品种。

（2）播种育苗　育苗方法参考日光温室春茬番茄栽培，但需注意以下几点：

大棚番茄秋延后栽培必须严格掌握其播种期，如播种过早，则因高温、多雨，使根系发育不良，易发生病毒病；如播种过晚，则生育期短，后期果实因低温不能充分发育影响产量。适宜的播种期，一般于当地初霜期前100～110天播种。华北地区多在7月上中旬，长江中下游地区一般在7月下旬至8月上旬，高纬度地区在6月中下旬至7月初。育苗床要选地势高燥、排水顺畅的地块，苗床上要搭阴棚，可用遮光率50%～75%的黑色或灰色遮阳网（图5-33），晴天于10～16时覆网遮阴降温，减轻病毒病发生。播种量为450～600克/公顷（直播的用种量多）。苗期管理的重点是降温、防雨、防暴

图5-33　黑色遮阳网

晒、防蚜虫。出苗后若只间苗不分苗的，要及时间苗，防幼苗拥挤而徒长。若进行分苗，当幼苗长出1～2片叶时分苗，苗距8～10厘米见方。若幼苗弱小可喷施0.3%尿素和0.2%的磷酸二氢钾水溶液。移栽时的日历苗龄为20～30天，苗高15厘米左右，3～4片叶。

（3）**定植**　定植前进行整地、施肥、做畦，基肥用量为有机肥75吨/公顷，过磷酸钙375～600千克/公顷。秋延后栽培可做平畦，也可做小高畦。移栽宜选阴天或傍晚凉爽时进行，有利缓苗。定植后要立即浇水，水量要充足，2～3天后浇1次缓苗水。缓苗后及时中耕。定植密度视留果穗数而不同，留2穗果的为60 000～75 000株/公顷，留3穗果的为45 000～60 000株/公顷。

（4）**定植后管理**

①结果前期管理　此时为夏末初秋，外界气温高、雨季尚未结束，应注意通风、防雨、降温。定植缓苗后随植株生长要及时支架、绑蔓（或吊蔓）、打杈，由于结果前期高温多湿，也易造成落花落果，可用生长调节剂处理，激素种类及处理方法同塑料大棚春早熟栽培，浓度切不可过高。每个花序留3～4个果。9月中旬以后及时摘心。秋延后栽培结果前期浇水不宜过多，因温度高、土壤水分过大易引起徒长。在第1花序开花前及时浇1次大水，开花时控制浇水。第1穗果坐住后，及时浇水追肥，每公顷施硫酸铵225～300千克，或尿素225千克。

②结果盛期及后期管理　大棚番茄秋延后栽培全生长期只有100～110天，因此留果穗数只有2～3穗，进入9月下旬以后，气温逐渐下降，为保证果实发育成熟，要加强水肥管理。第2穗坐果后，每公顷再施尿素150千克或硫酸铵225千克，天气转凉后宜追有机肥。后期为防寒保温通风量大大减少，不能再进行浇水追肥，否则会因湿度太大而引发病害。当第1穗果膨大后，应将下部病枯黄老叶除去，有利通风和透光。9月中旬后白天保持25～28℃，夜间不低于15℃。进入10月中旬气温骤降，当外界夜温低于15℃时，夜间要关

闭所有通风口，只在白天中午适当通风降湿。当最低气温低于8℃，要在大棚四周围草苫或在棚上间隔覆盖草苫防止冻害（图5-34）。

图5-34　覆盖草苫

（三）露地栽培

露地栽培是我国大部分地区番茄的主要栽培方式。露地栽培除了育苗需要保护设施或不用保护设施外，成株期在露地条件下生长发育，生产成本低，管理技术也相对简单，可大量满足人们夏、秋季食用需要，是为市场提供廉价产品的主要茬口，也是周年生产、四季均衡供应中重要的一环。

1. 春季露地栽培

在中国大部分地区（尤其是长江以北），春季露地栽培是番茄生产的主要形式。

（1）品种选择　春露地番茄栽培应选择高产、耐高温高湿、高抗病毒病、多茸毛和耐根结线虫的品种，要求早熟的还应选择中早熟或自封顶类型品种。

（2）育苗　培育壮苗是高产的关键，一般每667米^{2}用种子40～50克，每平方米苗床播6～7克。如采用冷床育苗，育苗期早熟品种需70～80天，中晚熟品种需80～90天；而采用温床或温室育苗，则育苗期需要60～70天；华南地区（广州）小拱棚育苗需45～50天。育苗方法参考日光温室春茬番茄栽培。

（3）整地做畦　最好选2～3年没有种过茄科作物、疏松肥沃、排灌方便的地块，于冬前深翻25～30厘米，并于翻耕前每667米^{2}施5 000～6 000千克有机肥作基肥，每667米^{2}施二铵15～20千克，深翻均匀，耙平地面做好排灌水沟（图5-35），按宽50～60厘米，高10～15厘米 做高畦，方向以南北延长方向为好。

（4）覆膜 一般采用80厘米宽的地膜进行覆膜，要求垄面平整，保证膜能紧贴地表以提高地温，抑制杂草，保水保肥（图5-36）。

图5-35 排水沟

图5-36 覆膜

（5）定植 应在当地终霜期以后，10厘米深地温稳定在10℃以上时定植。注意克服春季低温、霜冻以及定植以后半个月内由于寒流造成的不稳定气候所引起的不良影响，要根据天气情况和自身的栽培条件选择合适的播种期和定植期。播期根据各地终霜时期而定，一般均在终霜过后定植，按定植期往前提70～100天即为播种日期。一般华北地区多在谷雨前后（4月中、下旬），东北、西北地区多在立夏至小满期间（5月），长江流域各地可提早至3月下旬，华南地区（广州）更可提早至立春到雨水期间（2月）定植。为保证安全生产夺高产，应充分利用保护地设施提前播种育苗，待终霜期过后，及时定植于露地，争取提早成熟采收上市，以获得较高的经济效益。

定植密度一般每畦2行，畦内小行距50～60厘米，大行距60～70厘米，株距35～40厘米。先刨穴，穴深8～10厘米，一般每667米^{2}种3 500～5 000株。定植最好选在无风晴朗的天气，可先栽苗后浇水，也可先浇水后栽苗，栽苗不要过深过浅，栽植深度以土坨和地表相平或稍深为宜。

图5-37 摘除侧枝

（6）定植后的管理

①植株调整 露地番茄定植后，趁浇定植水后地松散时支架、中耕，保墒松土，提高地温，以利缓苗。一般用单干整枝，即只留主茎生长，所有侧枝都在5～7厘米长时摘除（图5-37）。与果穗同节的侧枝特别旺盛，

打顶一般在拉秧前50～60天（留有5～6层果）于花序上留2～3片叶摘除顶芽，以利留下的花果有充足的营养。

②水肥管理　番茄定植后以中耕保墒为主，不干旱可不浇水，进行蹲苗。当第一穗果核桃大时，植株进入结果期，需水量逐渐加大，一般每5～7天浇一次水，沙质土气温高时要多浇，相反则少浇，以提高果实质量。番茄追肥视地力而定，一般在结果初期，结合浇水冲施速效化肥，每667米²施用10～15千克，共2～3次，留4穗果以上的高架，要增加追肥次数。

③保花疏果　番茄在低温或高温季节，因授粉不良而落花，一般在每穗花序开花2～3朵时，喷25～30毫克/升的防落叶素溶液，每序花处理1次即可。鲜食大中果型品种一般每穗留3～4果，小型品种留5～6果，过多时要早疏除，以保证果实整齐，提高品质。

2. 越夏延秋露地栽培

一般在北纬40.5°～41.5°的地区，或海拔450～1 000米的中原丘陵、山区属夏季冷凉地区可进行越夏栽培。

（1）品种选择　应选择耐强光、耐潮湿、抗病性强、抗裂、耐贮运的中熟或中晚熟品种。

（2）育苗　育苗方法参考日光温室春茬番茄栽培，但需注意以下几点：由于冷凉地区无霜期短，为了有效利用露地适宜的生长条件，应提前在保护地育苗，在终霜过后立即定植，一般5月中旬定植，苗龄60天左右。因此，适宜播期是3月中旬。定植前一般在晴天中午10时之后揭膜通风，需要不断变换揭膜位置、逐渐扩大揭膜幅度，下午温度降低时再盖上，以低温炼苗来培育壮苗。

（3）定植　定植前深耕土地，施足基肥，可施入有机肥60吨/公顷、尿素75千克/公顷、过磷酸钙750千克/公顷、硫酸钾300千克/公顷。番茄是忌氯作物，不可用氯化钾代替硫酸钾。夏季多雨，为利于排涝，应选择地势较高、能排能灌的田块，并且不与茄科作物重茬，以免上茬残留病菌再次

侵染致使番茄染病。应采取高垄定植，两扇地间设排水沟，南北成畦，这样有利于增加光照，避免畦内积水，改善群体生长环境。一般畦高15～20厘米，使主根在较深的土层中，减少土表温度的影响。苗龄30天左右、5片真叶、株高12～15厘米时即可定植。定植行距30厘米×60厘米，定植5.55万株/公顷左右，栽后浇送嫁水，2天后再浇1次。

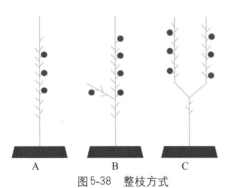

图5-38　整枝方式
A.单干整枝　B.改良式单干整枝　C.双干整枝

（4）定植后管理

①整枝与疏花疏果　番茄定植返旺后，应插架绑秧，随着番茄的生长，不断培土，以增强抗倒伏的能力。要及时打杈，一般在侧枝长到5～7厘米时开始打杈，若已木质化，则留2叶摘心。可采用改良式单干整枝（图5-38），即在主干进行单干式整枝的同时，保留第一花序下面的第一个侧枝，待其结1～2穗果后留两片叶进行摘心。打杈晚，侧枝消耗养分过多，则影响第1花序坐果、主枝的生长和果实发育。之后见杈就打，对于生长势弱的品种应在侧枝3～6厘米时分批摘除，必要时在侧枝上保留1～2片叶摘心。如果是无限生长型，可在留足果穗后打顶。为了提高番茄的商品性、生产优质果，每穗应保留适当个数的果实，以利于番茄迅速长大，果实周正。一般第1果穗留果2个，以后每穗留果3个，待到顶部长势衰败时，减少至2个或1个，具体情况根据番茄长势而定。当第1穗果成熟时，植株生长正值旺盛时期，容易形成植株间郁蔽，这时可以去掉老叶，当郁蔽时也可以去掉果实周围的小叶，以便通风透光，增加光合作用。

②保花保果　夏季高温，不利于番茄授粉受精，需用植物生长调节剂保花保果。一般用番茄防落素保花。夏季高温蒸发严重，使番茄防落素浓度增加。因此，番茄防落素应使用限度范围内较低浓度的，以免形成药害。

③肥水管理　无论是育苗还是定植都要科学合理施肥，不要偏施氮肥，以免高温徒长。如果徒长可喷150毫克/升的助壮素控制。夏季雨水多，土壤养分流失严重，应施足基肥。在施足基肥的基础上，一般应追肥2～3次。在第1果穗的果实如核桃大小时追施1次，冲施硫酸铵225～300千克/公顷或尿素225千克/公顷，硫酸钾150千克/公顷或番茄专用肥600千克/公顷，以满足植株的营养生长和果实发育的生殖生长需要，同时花期喷硼肥，以提高坐果率。之后在每穗果实开始膨大时，根据长势，适时追肥，适当增施有机肥。夏季高温，中午发现叶片发蔫时应适当补水。注意不要大水漫灌，有条件的可用滴灌、喷灌。当夏季土壤温度超过33℃时，番茄根系停止生长，要注意浇水降温，并随浇随排，防止田间积水。施肥浇水时应避开花期，以免引起落花落果。

六、采收与贮藏

　　番茄果实属于呼吸跃变型，呼吸跃变型果实采收之后，有自然后熟的过程，后熟的快慢除了与环境条件有关之外，同时还随着采收期的不同而异。随着采收成熟度的增加，果实的催熟进程加快，相应果实的品质变化也有很大的区别。如果过早采收，果实内的营养成分不能转化完全，影响了果实品质；如果过迟采收虽然当时鲜食的品质很好，但是对贮藏运输不利。番茄从开花到果实成熟，早熟种40～50天，中晚熟种50～60天。应根据需要适时采收和贮果催熟。

（一）采收

　　1.采收期　番茄果实在成熟过程中可分为5个时期：①青熟期，果实基本停止生长，果顶发白，尚未着色。②转色期，果顶部由绿色转为淡黄色或粉红色。③半熟期，果实表面约有50%着色。④坚熟期，整果着色，肉质较硬。⑤完熟期，肉质变软。番茄果实成熟的迟早及采收的日期，因栽培的季节、目的、运输的距离而异。用于中长期贮藏及远距离运输的果实应在绿熟期至变色期采收，用于短期贮运的果实可选择在红熟前期至红熟中期采收。

　　2.采收方法　主要包括人工采收和机械采收两种方式（图6-1和图6-2）。采收前3～7天不宜灌水，遇雨天应推迟采收时间。采收时间应在当天气温较低、无露水时进行；采收宜选择植株中、上部着生的果实；采收时不要扭伤果柄，用番茄剪沿果柄根部轻轻剪下，果柄不要露出果面，轻摘轻放，避免机械伤害。采收用提篮要求干净卫生，无污染，用布或其他比较软的物品垫在提篮

图6-1　人工采收

图6-2　机械采收

或其他工具底部。

3.采后处理

（1）分级　在阴凉、通风、清洁的环境中，将番茄按不同品种、等级（表6-1）、大小进行分级包装（图6-3和图6-4）。

图6-3　人工分级

图6-4　机械分级

（2）包装　外包装宜选用瓦楞纸箱或塑料周转箱，内包装可采用0.01～0.015毫米厚的低密度聚乙烯膜垫衬覆盖包装或蜡纸单果包装。同一包装箱内，为同一产地、品种、等级的产品，产品整齐排放，果柄朝下，视体积大小，码放2～3层，层与层之间加以衬板，果与果之间可选择性加垫十字隔层防挤压。采用瓦楞纸箱外包装时，箱体两侧应留2～4个直径为1.5～2厘米的气孔；采用塑料周转箱外包装时，箱底及四周应内衬专用纸。包装箱规格便于番茄的装卸、运输，可摆放番茄最大重量宜在20千克以内。

表6-1　番茄分级要求

等级	品质要求	规格参数	限度
一等	1.果形、色泽良好，果皮光滑、新鲜、清洁、硬实，成熟度适宜，整齐度高； 2.无烂果、过熟、日伤、褪色斑、疤痕、雹伤、冻伤、皱缩、空腔果、畸形果、裂果、病虫害及机械伤	1.特大果：单果重≥200克 2.大果：单果重150～199克 3.中果：单果重100～149克 4.小果：单果重50～99克 5.特小果：单果重<50克	品质两项不合格个数之和不得超过5%，其中软果和烂果之和不得超过1%； 规格不合格个数不得超过10%
二等	1.果形、色泽较好，果皮较光滑、新鲜、清洁、硬实、成熟度适宜，整齐度尚高； 2.无烂果、过熟、日伤、褪色斑、疤痕、雹伤、冻伤、皱缩、空腔、畸形果、裂果、病虫害及机械伤	1.大果：单果重≥150克 2.中果：单果重100～149克 3.小果：单果重50～99克 4.特小果：单果重<50克	品质两项不合格个数之和不得超过10%，其中软果和烂果之和不得超过1%； 规格不合格个数不得超过10%
三等	1.果形、色泽尚好，果皮清洁、不软、成熟度适宜； 2.无烂果、过熟、无严重日伤、大疤痕、畸形果、裂果、病虫害及机械伤	1.大中果：单果重≥100克 2.小果：单果重50～99克 3.特小果：单果重<50克	品质两项不合格个数之和不得超过10%，其中软果和烂果之和不得超过1%； 规格不合格个数不得超过10%

（3）预冷　采后要及时预冷，主要分为自然冷源预冷或冷库机械冷风预冷两种方式。要求将分级包装番茄顺着冷风堆码成排，堆码时须轻卸、轻装，严防压伤，箱底层垫10～15厘米枕木，码放4～6层高，箱间要留3～5厘米空隙，排与排的间隙20厘米。箱与墙的间隙20厘米，箱与风机的距离≥1.5米。每次预冷量不超过冷库容量的60%。预冷温度12℃，由于番茄的自然后熟速度很快，果实采后应在12小时内迅速将产品温度预冷至贮藏温度。预冷包装后的番茄应尽快运销，不能及时运销时应在适宜贮藏条件下短期贮藏。

（二）贮藏

1.**贮藏条件**　温度8～10℃，相对湿度85%～90%，贮藏期限最长不宜超过7天。

2.**贮藏场所**　一般选用阴凉、通风的贮藏间或冷库（图6-5），严防暴晒、雨淋、高温、冷害及有毒物质、病虫害的污染。贮存前对库房进行清扫和消毒，消毒处理后需及时进行通风换气。

图6-5　番茄贮藏

3.**入库**　非制冷贮藏在早晚温度较低时将包装产品分配分期入库，入库量每次不宜超过库容量的30%，等温度稳定后再入第二批；机械冷藏应在产品降至贮藏温度时入库。非制冷贮藏可选用散堆或码垛堆放方式；机械冷藏可选用码垛堆放或货架堆放。堆码方式要合理，利于空气流通，方便管理。

非控温运输应用篷布(或其他覆盖物)覆盖，并根据天气状况，采取相应的防热、防冻、防雨措施，防止温度波动过大。若是控温运输，控制车内温度8～10℃。运输车辆要求清洁、卫生，运输要求轻装轻卸、快装快运、装载适量、运行平稳、严防损伤。半熟期番茄运输期限不宜超过5天，果面已全部转红番茄不宜长时间运输。

4.**贮果催熟**　为了促进番茄成熟，增加果实的成熟度，提高其商品价值，生产者常进行人工催熟。

（1）**加温处理**　将要催熟的番茄堆放在温度较高的地方，如室内、温床、温室等，促其成熟。此法可比自然状态下提早红熟2～3天。催熟的适宜温度为25 ~ 30℃，相对湿度为85% ~ 90%。采用加温催熟虽简单易行，但也存在果色不均、色泽不鲜，缺乏香味、味酸，催熟时间长等缺点。另外，温度高时容易造成番茄凋萎、皱缩及腐烂等。

（2）乙烯利催熟　乙烯利催熟有两种方法：一是在植株上直接进行，用500 ~ 1 000毫克/千克乙烯利喷果，果实色泽品质较好，但较费工。在植株上喷洒时，为避免引起黄叶及落叶，尽量避免喷到叶面上，可以用毛笔蘸取较高浓度（2 000毫克/千克或以上）的乙烯利涂抹在果柄或果蒂上，也可涂抹在果面上。另一种方法是将果实连同果柄一同摘下来，在2 000 ~ 3 000毫克/千克乙烯利溶液里浸泡1 ~ 2分钟，取出后将果实堆放在温床内，保持床温20 ~ 25℃，并适当通风，防止床内湿度过大而引起腐烂。经过5 ~ 6天处理后，果实随即转红，再去掉果柄，供应市场。催熟时要轻拿轻放，尽量避免损伤果实。病果、虫果应尽早剔除。此方法成本低，省工，可提早5 ~ 7天红熟。

（三）贮藏病害及防治

1. 常见贮藏病害　番茄贮藏过程中常发生各种病害（表6-2），导致商品性下降，造成经济损失。番茄贮藏病害可分为侵染性病害和非侵染性病害两类，前者是由病原菌侵染引起的，后者主要是因贮运条件不当所致。其中尤以侵染性病害造成的损失最为严重，占损失的 70 % ~ 90 %。

表6-2　常见贮藏病害

病害类型	常见贮藏病害	症状
侵染性病害	番茄根霉果腐病	病菌从果柄切口或机械损伤处侵入，起初感病部位不变色，果皮起皱褶，表面长出灰白色纤维状菌丝，并带有灰黑色小球状孢子囊，严重时整个果实软烂，汁液溢流。该病易通过病健果接触传染（图6-6和图6-7）
	番茄红粉病	病斑主要出现在果实端部呈褐色或深褐色水渍斑（不凹陷）；湿度大时病斑初期布满致密的白色霉层，后转为浅粉红色绒状霉层逐渐腐烂（图6-8和图6-9）
	番茄灰霉病	此病多发生在果肩部位，病部果皮呈水渍状，皱缩，上面滋生灰绿色霉层。该病在空气相对湿度90%以上高湿状态下易发病（图6-10）
	番茄早疫病	青果熟果都能感染该病。一般从萼片附近的裂纹或外伤的地方感病，病斑水渍状，褐色，严重时全果腐烂，长出黑色绒状霉层（图6-11）

(续)

病害类型	常见贮藏病害	症 状
侵染性病害	番茄酸腐病	半熟或成熟果实均易受害。感病后，果肉组织变软，高湿条件下，病部常常开裂，果实表面或裂缝中生出白霉，同时常引起细菌性软腐病菌侵入，加速果实腐烂（图6-12）
非侵染性病害	低温伤害	低温伤害是由0℃以下的不适温度造成的生理障碍。在冷害温度下贮藏温度越低，持续时间越长，冷害症状越严重。常见症状是果面上出现凹陷斑点、水渍状病斑、萎蔫，果皮、果肉变褐，风味变劣，出现异味甚至臭味。有时在低温下症状不明显，移到常温后很快腐烂
	气体伤害	适宜的低O_2和高CO_2浓度能延长番茄贮藏时间。过低O_2或过高CO_2浓度常会造成生理伤害。长期缺氧时，果实就会产生并积累酒精，变软腐烂。高CO_2浓度会使果实表面产生褐色斑点，严重时下陷形成麻皮果，果肉组织腐烂坏死
	药害	在使用漂白粉或仲丁胺消毒防腐时，用量过大会导致番茄果实药害，腐败变质

图6-6 果实上长出白色菌丝

图6-7 果实上的灰黑色孢子囊

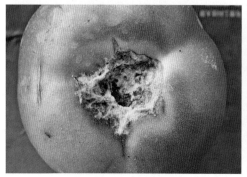

图6-8 果实端部症状

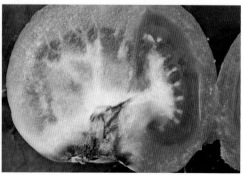

图6-9 果实切开内部症状

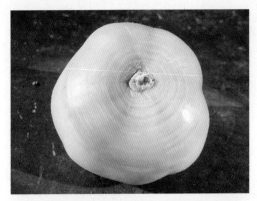

图6-10　果实上滋生灰绿色霉层

图6-11　果实裂伤感染

图6-12　果肉组织变软

　　2.防治技术　采前田间带病、采后机械损伤、不当温湿度造成的生理失调等都会促成贮藏期间病害发生。病害的防治应采用选择抗病耐贮品种、加强田间卫生管理、适期采收和适当药剂处理等综合措施。多数番茄采后病害和田间病害是同一个病原菌。可在番茄采前15天喷一次75%百菌清可湿性粉剂500倍液，或使用50%苯菌灵可湿性粉剂1 500倍液，结合1∶1∶200波尔多液等药剂进行防治，能够有效控制番茄采后果腐病的发生。用于装卸的筐箱、工具、冷库等都需进行消毒。

七、病虫害防治

（一）病害

番茄猝倒病

【症状】番茄出苗后发病，常在幼苗 2～3 片真叶期发病，此时幼苗的茎部皮层尚未木栓化。病菌先侵入近地面的幼茎基部，产生水渍状病斑，而后变为暗褐色（图7-1），继而绕茎扩展，茎逐渐缢缩成细线状，病株随即倒伏死亡，但此时幼苗的子叶或幼叶尚未凋萎仍呈绿色，故此得名"猝倒病"（图7-2）。幼苗一旦染病，可快速向四周蔓延，引起成片幼苗倒伏、死亡；潮湿时，被害部位产生白色絮状菌丝。该病的显著特点是病苗倒伏时植株仍为绿色。

【病原】瓜果腐霉[*Pythium aphanidermatum*（Edson）Fitzp.]是主要病原

图7-1　暗褐色病斑

图7-2　病株倒伏

物，属卵菌门霜霉目疫霉属。瓜果腐霉菌丝体发达，无隔膜，呈白色絮状，但孢子囊与菌丝体之间有隔膜；孢子囊管状或裂瓣状，顶生或间生，内含6～25个或更多的游动孢子；游动孢子双鞭毛，肾形；藏卵器内有一个卵球，交配后卵球发育成卵孢子；卵孢子球形，平滑，直径为13.2～25.1微米（图7-3）。

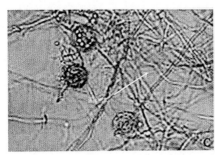
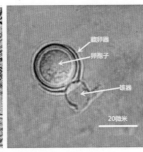
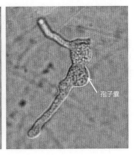

图7-3　瓜果腐霉形态特征

【发病规律】病菌以卵孢子或菌丝体在病株残体上越冬，也可在土壤中长期存活。通过土壤、种子、未腐熟的农家肥、雨水或灌溉水、农机具以及移栽传播，条件适宜时卵孢子萌发产生芽管，直接侵入幼苗。此外，在土中营腐生生活的菌丝也可产生孢子囊，孢子囊萌发后产生游动孢子；也有时孢子囊萌发后形成泡囊，泡囊内含多个次生游动孢子。孢子囊和卵孢子的萌发方式主要取决于当时的温度，一般来说温度高于18℃时，卵孢子往往萌发产生芽管；当温度为10～18℃时，则萌发产生孢子囊并释放出游动孢子。病组织内形成卵孢子越冬土壤含菌量大、苗床高湿低温、光照不足、幼苗生长衰弱是该病发生的主要诱因。

【防治方法】

（1）育苗基质处理　育苗床土可用威百亩熏蒸，即用32.7%威百亩水剂60倍液喷洒苗床，并用薄膜覆盖严实，7天后撤膜，并松土2次，充分释放药气后播种；也可喷洒30%霉灵·精甲霜灵水剂1 500～2 000倍液。应用穴盘或营养钵育苗时，每立方米营养土或者基质加入30%霉灵水剂150毫升，或54.5%霉·福美双可湿性粉剂10克，充分混匀后育苗。在土壤中添加0.5%或1%的甲壳素，或施用稻壳、蔗渣、虾壳粉等土壤添加剂，均可提高幼苗的抗病性，减轻发病。

（2）种子处理　种子用50℃温水消毒20分钟，或70℃干热灭菌72小时后催芽播种；或用35%甲霜灵拌种剂或3.5%咯菌•精甲霜悬浮种衣剂按种子重量的0.6%拌种；也可用72.2%霜霉威水剂800～1 000倍液，或68%精甲霜•锰锌水分散粒剂600～800倍液、72%锰锌•霜脲可湿性粉剂600～800倍液浸种0.5小时，再用清水浸泡8小时后催芽或直播。

（3）加强苗床管理　选择避风向阳高燥的地块做苗床，既有利于排水、调节床土温度，又有利于采光、提高地温。苗床或棚室施用经酵素菌沤制的堆肥，减少化肥及农药施用量。齐苗后，苗床或棚室内的温度白天保持在25～30℃，夜间保持在10～15℃，以防止寒流侵袭。苗床或棚室湿度不宜过高，连阴雨或雨雪天气或床土不干时应少浇水或不浇水，必须浇水时可用喷壶轻浇；当塑料膜、玻璃面或秧苗叶片上有水珠凝结时，要及时通风或撒施草木灰降湿。

（4）**药剂防治**　一旦发现病株应立即拔除，并及时施药。药剂可选用68%精甲霜•锰锌可湿性粉剂600～800倍液，或3%霉灵•甲霜灵水剂800倍液＋65%代森锌可湿性粉剂600倍液、25%吡唑醚菌酯乳油2 000～3 000倍液＋75%百菌清可湿性粉剂600～1 000倍液、69%烯酰•锰锌可湿性粉剂1 000倍液、15%霉灵水剂800倍液＋50%甲霜灵可湿性粉剂600～1 000倍液等，均匀喷雾，视病情每隔7～10天喷1次。

番茄立枯病

【症状】从刚出土的小苗直到定植后的大苗都会发生立枯病。通常是幼苗出土后开始发病，土壤中的立枯病菌首先侵入幼苗近地面的根颈部，产生椭圆形、暗褐色的坏死斑点（图7-4），受害幼苗白天轻度萎蔫，夜晚恢复，随后病部逐渐凹陷和扩展，当病斑绕茎一周时，病部缢缩，幼苗逐渐干枯，直至植株直立死亡而不倒伏（图7-5和图7-6）。定植后，当空气和土壤潮湿时，病部长出稀疏、淡褐色的蛛丝状菌丝体，后期形成菌核。番茄幼苗病程发展比较缓慢，从发病到死亡通常为5～6天，甚至十多天。

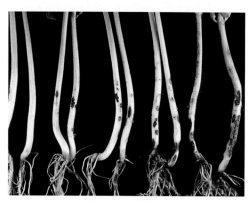

图7-4　茎部病斑

图7-5　植株直立死亡

图7-6　田间症状

温馨提示

　　番茄猝倒病与番茄立枯病的症状容易混淆，可从以下几点加以区分：①猝倒病幼苗尚未完全萎蔫和绿色时即倒伏在地，立枯病幼苗在枯死后仍然直立；②在湿度大时，猝倒病苗在幼茎被害部及周围地面产生白色絮状物，而立枯病则产生浅褐色蛛丝网状霉层；③猝倒病一般发生在3片真叶之前，特别是刚出土的幼苗最易发病，而立枯病则发生较晚。此外，猝倒病与生理性沤根也有相似之处。但沤根多是由低温、积水引起。沤根常发生在幼苗定植后，如遇低温、阴雨天气，根皮呈铁锈色腐烂，基本无新根，地上部萎蔫，病苗极易被拔起，严重时成片幼苗干枯。

　　【病原】病原为立枯丝核菌（*Rhizoctonia solani* Kühn），属于担子菌无性型丝核菌属真菌。初生菌丝无色，后为黄褐色，具有隔膜，分枝基部缢缩，不产生无性孢子（图7-7）；老熟菌丝常为一连串的桶形细胞，后期变黄褐色至深褐色，分枝基部稍缢缩，与主菌丝成直角，并交织成松散不定型的菌核；菌核浅褐色、棕褐色至暗褐色，近球形或无定形，质地疏松，表面粗糙。病原有性型为瓜亡革菌[*Thanatephorus cucumeris*（Frank）Donk]，属于担子菌门亡革菌属。仅

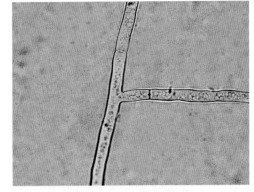

图7-7　立枯丝核菌菌丝

在酷暑高温条件下产生，在自然条件下并不常见。

【发生规律】番茄立枯病是一种常见的土壤传播病害，病菌不易产生孢子，主要以菌丝体或菌核在土壤中越冬。病菌适宜生长温度为24℃，在12℃以下和30℃以上时，菌丝生长受到抑制；地温高于10℃时，病菌进入腐生阶段。菌核及菌丝体腐生性强，病残体分解后病菌也可在土壤中腐生存活2～3年，遇有合适寄主和适宜条件时，以菌丝体作为初侵染源，直接侵入植株；病斑上产生的菌丝通过土壤、水流、农具、雨水以及带菌的堆肥传播，在适宜的环境条件下，菌丝从伤口或直接由表皮侵入寄主幼茎、根部而引发病害，并由此不断地在田间引起再侵染。因此，反季节栽培的番茄幼苗很易感病，我国长江以南地区的发病盛期主要为2～4月。一般来说，生长衰弱、徒长或受伤的番茄幼苗，容易遭受病菌的感染。育苗期间，天气闷热或多阴雨的年份发病比较重。

【防治方法】重点抓好土壤或基质消毒、苗期水肥管理和施用药剂等环节。

（1）适期播种，培育壮苗　根据当地气候条件，因地制宜地确定适宜的播种期，避开不良天气。培育壮苗是预防立枯病的有效措施，将传统母床育苗改进为营养钵（营养袋、营养穴盘）育苗或基质漂浮育苗（为工厂化育苗所用）。营养土育苗可有效提高成苗率。

（2）加强苗床管理　应避免连作，实行3年以上轮作。幼苗出土后加强通风透光、合理浇水施肥和及时调节温湿度等，避免苗床温湿度过高，并加强幼苗锻炼，防止幼苗嫩弱徒长。一般要求苗床温度在25℃左右，不要低于20℃，也不高于30℃。育苗床土应进行消毒处理，可用25%甲霜灵可湿性粉剂，或70%代森锰锌可湿性粉剂，或50%多菌灵可湿性粉剂等，每100克药剂加5千克细干土，充分拌匀后制成药土。施药前先将苗床浇透底水，待水下渗后先将1/3药土均匀撒施在苗床上，播完种后再把其余2/3药土覆盖在种子上面。

（3）种子处理　可直接使用带有包衣的种子商品。或者选用75%代森锰锌可湿性粉剂、50%多菌灵可湿性粉剂、70%霉灵可湿性粉剂、70%甲基硫菌灵可湿性粉剂、40%百菌清可湿性粉剂等药剂的15倍液拌种，晾干后播种；也可选用2.5%代森锰锌悬浮种衣剂12.5毫升、3.5%甲霜灵悬浮种衣剂30毫升、45%克菌丹悬浮种衣剂3～5克、3%苯醚甲环唑悬浮种衣剂0.5～1毫升，对水50毫升，再与5千克种子搅拌混匀，晾干后播种。

（4）药剂防治　苗床初现萎蔫症状时，应及时拔除并施药防治。可选用

70％甲基硫菌灵可湿性粉剂800倍液，或50％多菌灵可湿性粉剂500倍液、20％甲霜灵可湿性粉剂1 200倍液、40％百菌清可湿性粉剂800倍液、43％戊唑醇悬浮剂3 000倍液、50％异菌脲可湿性粉剂800 ～ 1 000倍液、3％多抗霉素水剂500 ～ 1 000倍液等药剂，间隔7 ～ 10天喷洒1次，连续喷洒2 ～ 3次。当猝倒病和立枯病混合发生时，可与防治猝倒病的药剂混合施用。苗床发病时，既要对整个苗床进行普遍喷药，又要对发病中心进行重点防治，即将整个幼苗和根系土壤充分淋透。露地苗床若在施药后3天内遇雨，应在雨停后1天补喷。

番茄灰霉病

【症状】在的整个生育期间，植株的各个部位均可感染，番茄灰霉病的症状主要是引起叶片及果实腐烂。苗期发病，一般先从较衰弱的子叶及真叶的边缘开始，叶片变软下垂之后在病处产生大量的灰色霉层，最后病株折倒。严重时，田间幼苗成片地腐烂。成株期发病，可为害地上部的各个部位。番茄叶片染病多从叶尖及叶缘开始，初为水渍状，后颜色变淡，呈淡褐色，稍有深浅相间的轮纹，叶片病斑多呈V形（图7-8），扩大后呈不规则形或圆形轮纹斑，边缘明显，叶面产生灰色霉层（图7-9），有时病斑破裂；病斑往往不受叶脉限制继续向全叶扩展，致使叶片最后干枯死亡（图7-10）。茎部染病初呈水渍状小点，后病斑扩大，湿度大时病斑上产生灰色霉层，严重时引起植株枯死（图7-11至图7-13）。病菌多从花瓣或柱头处染病，致使花腐烂，长出淡灰褐色的霉层（图7-14），并引起落花。果实被害可造成烂果或外缘白色、中央绿色的圆形斑，即"花脸斑"（图7-15和图7-16）。

图7-8　V形病斑

图7-9　叶部灰色霉层

图7-10　叶片干枯死亡

图7-11 茎部病斑

图7-12　茎部病斑处灰色霉层

图7-13　植株枯死

图7-14　花布满灰褐色霉层

图7-15　烂果

图7-16　花脸斑

【病原】茄科蔬菜灰霉病的病原为灰葡萄孢（*Botrytis cinerea* Pers. ex Fr.），属子囊菌无性型葡萄孢属真菌。病菌在PDA培养基上的菌落圆形，菌丝由稀疏到稠密，表面生绒毛，灰白色，菌丝生长后期产生菌核。分生孢子梗数根丛生，具隔膜，淡褐色，顶端呈1～2次分枝，梗顶部稍膨大，呈棒头状，其上密生小柄和大量分生孢子，分生孢子聚集一起呈葡萄穗状。分生孢子梗长短与着生部位有关，分生孢子椭圆形至卵形，单胞，近无色，有时还常形成无色、球形的小分生孢子（图7-17）。一般在寄主上少见菌核，但当田间条件恶化后，则可产生黑色片状的菌核。

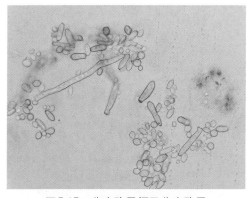

图7-17　分生孢子梗及分生孢子

【防治方法】防治番茄灰霉病应采取以培育无病壮苗为基础，定植后以病害早期确诊、药剂局部保护及选用高效低残留的农药，结合栽培防治的综合防治技术。药剂防治番茄灰霉病，一定要加强初期症状诊断工作，如果防治太晚，特别是见青果发病才开始施药，则达不到理想的防治效果。

（1）采用双垄覆膜、膜下灌水的栽培方式 采用此方式除可增加土壤温度外，还可明显降低棚内空气湿度，从而抑制番茄灰霉病的发生与再侵染，而且地膜覆盖可有效阻止土壤中病菌的传播。

（2）控制湿度和温度 根据棚外天气情况，通过合理放风，尽可能降低棚内湿度和叶面、果面结露时间，对病害有一定的控制效果。在番茄生育期中，日平均气温15℃以下低温期出现的次数多，发病则重。根据此特点，在日均温15℃以下的低温期来临时，采取加温的措施来提高棚内温度，可起到预防番茄灰霉病的作用，同时又可以提高番茄生长速度。

（3）摘除幼果上残留花瓣及柱头 番茄灰霉病菌对果实的初侵染部位主要在残留的花瓣及柱头处，之后扩展到果实其他部位。据此，在番茄蘸花后7～15天（幼果直径10～20毫米）摘除番茄幼果上残留的花瓣及柱头，降低病菌的初侵染点，从而防治番茄果实灰霉病发生。

（4）药剂防治 番茄苗定植前7～10天应普遍施一次"陪嫁药"，以防止苗期病害带到定植田。番茄蘸（喷）花时加防治灰霉病的药剂，如在配好的防落素或2，4-D稀释液中，加入50%扑海因可湿性粉剂或0.1%浓度的50%速克灵可湿性粉剂、50%多菌灵可湿性粉剂，然后再进行蘸（喷）花。番茄在定植缓苗后施一次药，此次药除施到植株上外，还要兼顾植株周围的土壤和大棚后墙等处；开花期间隔7天施2～3次药，重点喷花，同时兼顾叶片正反面；催果期灌水前再施一次药，施药时重点喷青果，兼顾叶的正反面及茎部；田间发现灰霉病引起的茎基腐，可在植株茎基部及周围土壤撒施一次药土，也可用药液灌根。

番茄白粉病

【症状】番茄叶片、叶柄、茎和果实均可染病，其中以叶片发病最重，茎次之，果实较少受害。叶片发病时，一般下部叶片先发病，逐渐向上部发展。发病初期，叶面出现褪绿小点，扩大后呈近圆形或不规则形的病斑，表面生有白色粉状物，即病原菌的菌丝、分生孢子梗及分生孢子；开始时白色粉层比较稀疏，以后逐渐加厚，并向四周扩展，严重时整个叶片布满白粉（图7-18），抹去白粉可见褪绿的叶组织，最终病叶变黄褐并逐渐枯死。有些病斑发生于叶背，病部正面边缘呈现不明显的黄绿色斑块，后期整叶变褐枯死。其他部位染病时也产生白粉状病斑（图7-19）。

图7-18　叶片上布满白粉

图7-19　茎上的白粉

【病原】番茄白粉病的病原有两个种，即新番茄粉孢（*Oidium neolycopersici* Kiss.）和番茄粉孢（*O. lycopersici* Cooke et Massee），均属子囊菌无性型粉孢属真菌。我国番茄白粉病主要由新番茄粉孢引起。新番茄粉孢的分生孢子梗直立，不分枝，多为3个细胞；脚胞柱形，上接1～2个短细胞，分生孢子椭圆形至圆形，单生于分生孢子梗顶端。分生孢子萌发时偏向一侧产生芽管，芽管末产生附着胞，附着胞呈乳突状或浅裂片状；菌丝无色，有隔；附着器为裂瓣形，单生或对生；吸器球形（图7-20和图7-21）。未发现有性世代。

【发病规律】该病菌无明显的越冬现象，菌丝及分生孢子均可在病株上存活，并不断地产生大量的分生孢子，造成田间病害终年不断。在北方寒冷地

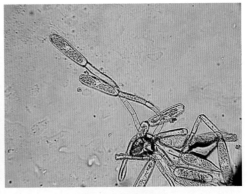

图7-20　显微镜下的白色霉层

图7-21　番茄粉孢

区，病菌主要在病株残体上越冬，以温室活寄主或多年生其他寄主植物体内的分生孢子或菌丝体越冬，成为翌年的初侵染源。通常在4～5月，气候条件比较适宜越冬病原菌产生分生孢子，分生孢子萌发后产生芽管，从寄主叶背侵入，或直接突破角质层侵入寄主叶片表皮细胞。分生孢子主要靠气流进行传播，特别是可被大风吹到很远的地方；病菌也可通过雨水或灌溉水传播，分生孢子随水滴冲刷或飞溅到健康植株上，引起新的病株。另外，蓟马、蚜虫等昆虫以及农事操作都可成为病菌的传播源。白粉病多在番茄的生长中、后期发生，特别是在7月中、下旬到9月上旬天气干旱时，秋季露地茄科蔬菜白粉病很容易流行。

【防治方法】

（1）选用抗病品种　因地制宜试种或者改造，例如，番茄中的T058、061、钻石、SM07等品种较抗番茄白粉病。

（2）加强栽培管理　在育苗阶段，就必须加强光、温、肥、水的调节管理工作。选择地势较高、排灌良好的地块种植或采用高垄栽培。定植时要选择无病壮苗、单株栽种、合理密植；适量浇水，尽量避免土壤忽干忽湿；通风换气，以降低植株间的湿度；合理施肥，要施足钾、钙肥，促使植株稳健生长，增强抗病力；及时摘除植株下部的重病叶，带出田间烧毁或深埋。

（3）药剂防治　播种前，用75%百菌清可湿性粉剂，或10%苯醚甲环唑水分散粒剂、70%甲基硫菌灵可湿性粉剂，以1∶10的比例与细土拌匀制成药土，播种前将1/3药土撒铺在床面上，播种后将剩余的2/3药土覆盖种子；也可沟施、穴施和撒施药土，进行土壤消毒；还可以用2%多抗霉素可湿性粉剂1 000倍液喷洒苗床。发病前施药预防，可喷洒７０%代森锰锌可湿性粉剂500～600倍液，或50%硫黄悬浮剂500倍液；发病后可用70%甲基硫菌灵可湿性粉剂1 000倍液、2%农抗120水剂150倍液、2%武夷菌素水剂150倍液，或50%多菌灵可湿性粉剂800倍液等喷雾防治，隔7～10天喷1次，连喷2～3次。防治棚室内番茄白粉病，可选用烟雾剂或粉尘剂，常用的有硫黄熏烟消毒，即定植前几天，将棚室密闭，每100米^{3}用硫黄粉250克，锯末500克掺匀后，分别装入小塑料袋放置在棚室内，于傍晚点燃熏一夜，效果较好，但需注意安全防火。

番茄褐斑病

【症状】 番茄褐斑病又称为番茄黑枯病或芝麻瘟，主要发生在番茄成株期的叶片上，也可为害茎和果实。病斑多时密如芝麻点，因而称芝麻瘟。叶片受害，病斑近圆形、椭圆形至不规则形，大小不等，灰褐色，边缘明显，直径1～10毫米，较大的病斑上有时有轮纹，病斑中央稍凹陷、变薄、有光亮，尤以叶片背面显著（图7-22和图7-23），后期病斑易穿孔。高温、高湿时，病

图7-22　叶部正面症状

图7-23　叶部反面症状

斑表面生出灰黄色至暗褐色的霉，即病菌的分生孢子梗和分生孢子。茎部病斑为灰褐色、凹陷，数个病斑常连成长条状，潮湿时长出暗褐色霉状物。叶柄、果柄受害症状与茎部基本相同（图7-24），果实上的病斑圆形，初期呈水渍状，表面光滑，常数个病斑连合成不规则形，以后逐渐凹陷成黑色硬斑、有轮纹，大病斑的直径甚至可达3厘米，潮湿时病部也长出暗褐色霉状物（图7-25）。当病害流行时，露地番茄植株上、下部的叶

图7-24　茎部症状

片可同时发病，引起大量叶片枯死、落花严重或果实不能膨大（图7-26）。

图7-25　果实症状

图7-26　叶片枯死

【病原】番茄褐斑病由番茄长蠕孢（*Helminthosporium carposaprum* Pollack）强毒菌株侵染所致，为子囊菌无性型长蠕孢属真菌。菌丝无色或黄褐色，分生孢子梗单生，有隔膜4～10个，褐色；分生孢子生于分生孢子梗的顶部，淡黄褐色，呈链状，圆筒形或棍棒形隔膜有或无。

【发生规律】番茄褐斑病菌主要以菌丝体和分生孢子在田间病残体上越冬，翌年越冬病菌直接萌发或产生分生孢子成为田间病害的初侵染来源。分生孢子借气流、雨水及灌溉水传播至寄主，从寄主的气孔、皮孔、伤口或表皮直接侵入形成初侵染，在气候和栽培条件适宜时，潜育期为1～2天，后出现病斑，而且病斑上产生大量分生孢子，迅速传播，引起多次再侵染，致使病害在田间蔓延和流行。高温高湿，特别是多雨高温季节易造成病害流行。

【防治方法】

（1）合理轮作　根据病原菌的寄主范围，在发病严重的地区和田块，适当调整轮作植物种类，重病田与非寄主植物轮作2～3年。

（2）加强田间管理　挖好配套排水系统，采用高畦或高垄栽培，防止畦面积水；合理密植，降低田间湿度，改善田间通透性；科学配方施肥，适当增施磷、钾肥，提高植株抗病性；及时清除病叶，收获结束后清除病残体并烧毁，或集中堆制沤肥，减少初侵染源。对于保护地栽培的番茄，需要加强棚室内的通风换气，创造低湿的生态环境是控制病害流行的重要措施。

（3）药剂防治　发病后须及时进行药剂防治，可选用50%多菌灵可湿性粉剂500倍液，或70%甲基硫菌灵可湿性粉剂800～1 000倍液、77%氢氯化铜可湿性粉剂500～800倍液、50%多菌灵可湿性粉剂800～1 000倍液、75%百菌清可湿性粉剂600～800倍液、50%多硫悬浮剂600倍液喷雾，一般每10天喷1次，连喷3～4次。

番茄斑枯病

【症状】番茄斑枯病，在番茄各个生长期均可发病，主要为害番茄叶片，尤以开花结果期的叶片上发生最多，其次为茎、花萼和叶柄，果实很少受害。通常是接近地面的老叶片最先发病，以后逐渐蔓延到上部叶片。初发病时，叶片背面出现水渍状小圆斑，不久正、反两面都长出圆形和近圆形的病斑（图7-27和图7-28），边缘深褐色，中央灰白色、略凹陷，上面密生黑色小粒点，即病菌的分生孢子器；严重时许多叶斑会成大的枯斑，病叶枯黄（图7-29），提前脱落，植株早衰；有时病组织脱落成穿孔，严重时中下部叶片全部干枯，仅剩下顶端少量健叶。叶柄和茎的病斑近圆形或椭圆形，略凹陷，褐色（图7-30），其上散生小黑点，叶柄上的小斑也可会合成大枯斑。果实上病斑圆形、褐色（图7-31和图7-32）。番茄斑枯病的田间症状主要有大斑型和小斑型两种类型。大斑型是常见的类型，多发生在感病寄主上，通常先在老叶上出现1～2毫米水渍状的坏死点，后逐渐变成椭圆形，直径2～5毫米，灰白色，其上散生很多分生孢子；小斑型主要出现在抗病寄主上，斑点极小，通常只有针尖大，直径一般小于1毫米，深红棕色，其上有少量或者没有分生孢子。

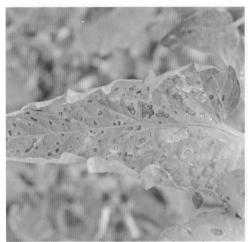

图7-27　叶片正面症状

图7-28　叶片背部症状

图7-29　病叶枯黄

图7-30　茎部病斑

图 7-31　果实上的病斑　　　　　　　　图 7-32　果实上的黑色小点

【病原】番茄斑枯病病原为番茄壳针孢（*Septoria lycopersici* Speg.），属于子囊菌无性型壳针孢属真菌。病菌的分生孢子器扁平，球形，黑褐色，壁薄，孔口部色深，无乳突；分生孢子器底部产生分生孢子梗及分生孢子；分生孢子单胞，无色，针状，直或微弯，有 3 ～ 9 个隔膜，顶部较尖，基部钝圆，长度变幅很大，宽度一般稳定，成熟后从孔口溢出（图 7-33 和图 7-34）。

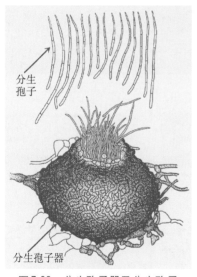

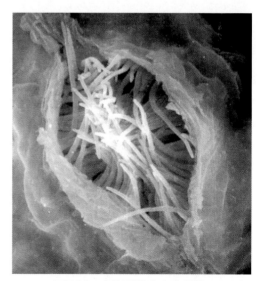

图 7-33　分生孢子器及分生孢子　　　　图 7-34　电镜下的分生孢子器

【发生规律】病原以分生孢子器或菌丝体随病残体遗留在土壤、粪肥中越冬，也可以在多年生的茄科杂草上越冬，第二年春暖时，病残体上产生的分生孢子是病害的初侵染源。分生孢子器吸水后从孔口涌出分生孢子团，分生孢子借风吹、雨溅到达番茄叶片上并进行侵染，所以，接近地面的叶片首先发病。此外，在雨后或早晚露水未干前，病菌可经过农事操作和农具等途径进行传播。分生孢子在湿润的寄主表面萌发后从气孔侵入，菌丝在寄主细胞间隙蔓延，以分枝的吸器穿入寄主细胞内吸取养分，使组织破坏或死亡，并在组织中蔓延。菌丝成熟后又产生新的分生孢子器，进而又形成新的分生孢子进行再次侵染。温暖潮湿和阳光不足的阴天，有利于番茄斑枯病的发生。番茄斑枯病常在初夏发生，到果实采收的中后期快速蔓延。

【防治方法】

（1）种子处理　选用无病种子，若种子带菌，则可用52℃温水浸种30分钟，取出后在冷水中冷却，晾干，催芽播种。

（2）苗床处理　在无病区建育苗床，或用无病土育苗，防止苗期染病。苗床可喷施1∶1∶200的波尔多液消毒土壤，也可喷洒70%甲基硫菌灵可湿性粉剂1 000倍液，每667米^{2}喷施150千克药液，连喷2～3次。

（3）加强栽培管理　采用高畦或半高畦栽培；定植不宜过密，及时合理整枝、搭架，以利通风透光，降低田间湿度；多施有机肥，施足基肥，增施磷、钾肥，提高植株抗病性；及时清洁田园，铲除杂草及病株残叶，减少菌源，收获后彻底清除田间病株，深埋销毁；重病地与非茄科作物实行3～4年轮作，最好与豆科或禾本科作物轮作。

（4）药剂防治　发病初期喷药防治，药剂可选用70%甲基硫菌灵可湿性粉剂800倍液，或50%多菌灵可湿性粉剂600～800倍液、65%代森锌可湿性粉剂500倍液、58%甲霜锰锌可湿性粉剂600倍液、70%代森锰锌可湿性粉剂600倍液、50%异菌脲可湿性粉剂1 000倍液等。

温馨提示

阴雨天气条件下，可改用45%百菌清烟剂熏烟，每667米^{2}用药250克，也可用7%叶霉净粉尘剂喷粉，每667米^{2}喷施1千克药粉，每7～10天喷1次，连喷2～3次。

番茄早疫病

【症状】该病主要为害叶片，也可为害叶柄、茎和果实等部位。叶片被害，最初呈深褐色或黑色、圆形至椭圆形的小斑点（图7-35和图7-36），逐渐扩大后成为直径1～2厘米的病斑，病斑边缘深褐色，中央灰褐色，具明显的同心轮纹，有的边缘可见黄色晕圈（图7-37和图7-38）。潮湿时病斑表面生有黑色霉层，即病菌的分生孢子梗和分生孢子。病害常从植株下部叶片开始发生，逐渐向上蔓延，严重时病斑相互连接形成不规则的大病斑，病株下部叶片枯死、脱落（图7-39）。叶柄也可发病，形成轮纹斑。茎部病斑多在茎部分枝处发生，灰褐色、椭圆形、稍凹陷，具有同心轮纹，但轮纹不明显，发病严重时病枝断折（图7-40）。果实上病斑多发生在蒂部附近和有裂缝之处，圆形或近圆形，黑褐色，稍凹陷，也具有同心轮纹，为害严重时，病果常提早脱落（图7-41和图7-42）。在潮湿条件下，各受害部位均可长出黑色霉状物。

图7-35 叶片正面病斑

图7-36 叶片反面病斑

图7-37 病斑边缘黄色晕圈

图7-38 病斑具有明显的轮纹

图7-39 植株下部叶片被害状

图7-40 植株茎部病斑

图7-41 果实症状（1）

图7-42 果实症状（2）

【病原】茄链格孢 [*Alternaria solani* (Ellis et G.Martin) Sorauer]，属于子囊菌无性型链格孢属真菌（图7-43）。病菌的菌丝具有隔膜和分枝，分生孢子梗从病斑坏死组织的气孔中伸出，直立或稍弯曲，短，单生或簇生，圆筒形或短棒形，具1～7个分隔，暗褐色；分生孢子自分生孢子梗顶端产生，形状差异很大，通常单生，黄褐色，顶端有细长的嘴孢，表面光滑，具9～11个横隔膜、0到数个纵隔膜；分生孢子喙长等于或长于孢身，有时有分枝，喙宽2.5～5微米。

图7-43 茄链格孢

【发生规律】病菌主要以菌丝体和分生孢子在病残体上或遗落在土壤中越冬；还能以分生孢子附着在种子表面或以菌丝潜伏于种皮内越冬，这些病原菌都可成为翌年病害的初侵染源。条件适宜时，越冬的以及新产生的分生孢子主要通过气流、雨水、灌溉水、昆虫和农事操作传播，从气孔、伤口或从表皮直接侵入寄主，完成初侵染。在适宜的环境条件下，病部产生大量的分生孢子，进行反复多次再侵染，使病害逐渐在田间蔓延与流行。温度偏高、湿度偏大有利于发病。番茄苗期和成株期均可发生早疫病，而番茄结果初期是早疫病的敏感时期。

【防治方法】

（1）种子处理　选用无病种子，若种子带菌，则可用52℃温水浸种30分钟，取出后在冷水中冷却；也可用2%武夷菌素水剂150倍液浸种处理，或1%福尔马林溶液浸泡种子15～20分钟，取出后闷种12小时；或用50%克菌丹可湿性粉剂按种子重量的0.4%拌种。

（2）加强栽培管理　苗床采用无病新土；重病田与非茄科作物轮作2～3年；施足基肥，适时追肥，增施钾肥，做到盛果期不脱肥，提高寄主抗病性；合理密植，及时绑架、整枝和打底叶，促进通风透光；及时清除病残枝叶和病果，结合整地搞好田园卫生，减少菌源。露地番茄特别要做到雨后及时排水。

（3）变温管理　早春晴天上午晚放风，使棚温迅速增高，当棚温升到33℃时开始放风，使棚温迅速降到25℃左右；中午加大放风量，使下午温度不低于15℃，阴天打开通风口换气。

温馨提示

变温管理的优点主要体现在，上午高温利于光合作用制造营养，下午低温利于光合产物运转，夜间低温可减少自身呼吸的消耗，有利于营养物质的积累。

（4）药剂防治　对于连年发病的温室、大棚，在定植前密闭棚室后，按每100米³用硫黄0.25千克和锯末0.5千克，混匀后分几堆点燃熏烟12小时；或每667米²用45%百菌清烟剂11克熏烟。幼苗定植时，先用1：1：300倍的波尔多液喷施幼苗，然后再定植，既可节省药液和时间，又有较好的预防作用。定植后，每隔7～10天再喷药1～2次。保护地可喷撒5%百菌清粉尘剂，每667米²用药0.67～1千克，间隔9天，连续喷撒3～4次；或用45%百菌清或腐霉利烟剂，每667米²用药11～13克熏烟。露地栽培可喷洒25%丙环唑乳油4 000倍液，或10%苯醚甲环唑水分散粒剂1 000倍液、70%甲基硫菌灵可湿性粉剂700倍液、50%异菌脲可湿性粉剂1 000倍液等，7～10天喷药1次，注意轮换交替使用农药。

番茄叶霉病

【症状】番茄叶霉病主要为害叶片，严重时也可侵染茎和花，但很少侵染果实。病害多从植株中、下部叶片开始发生，逐渐向上扩展蔓延，后期导致全株叶片、枯萎、脱落。叶片受害初期，在叶片正面出现不规则形或椭圆形、淡绿色或浅黄色的褪绿斑块，边缘界限不清晰（图7-44），之后病部背面产生绒毯状霉层，严重时叶片正面也可生出霉层。霉层初起时为白色至淡黄色，后逐渐转为深黄色、褐色、灰褐色、棕褐色

图7-44 叶片正面症状

至黑褐色不等（图7-45）。发病严重时，数个病斑常连接成片，叶片逐渐干枯卷曲（图7-46）。花部受害，花器凋萎或幼果脱落。偶有果实发病，多在果实蒂部形成黑色圆形凹陷病斑，果实革质硬化，不能食用。病部均可产生大量灰褐色至黑褐色霉层。

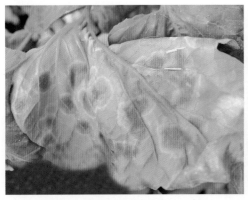

图7-45 叶片背面症状

图7-46 叶片干枯卷曲

【病原】番茄叶霉病的病原为褐孢霉[*Fulvia fulva*（Cooke）Cif.]，属于子囊菌无性型褐孢霉属真菌。病菌分生孢子梗成束地从寄主气孔伸出，有

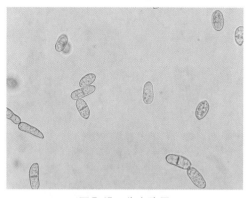

分枝，初无色，后呈淡褐色至褐色，具 1 ~ 10 个隔膜，节膨大呈芽枝状，其上产生分生孢子。分生孢子椭圆形、长椭圆形或长棒形，初为无色，后变为淡褐色，有单胞、双胞或 3 个细胞等多种类型，单胞和双胞较为常见（图7-47）。该病原菌具有明显的生理分化现象，不同地区生理小种的组成和致病性具有

图7-47　分生孢子

明显的差异。

【发生规律】番茄叶霉病菌主要以菌丝体随病残体在土壤内越冬，也可以分生孢子黏附在种子表面或菌丝体潜伏于种皮内越冬，成为翌年病害的初侵染源。春季环境条件适宜时，病菌开始侵染。如播种带菌种子，病菌可直接侵染幼苗引起病害；从病残体内越冬后的菌丝体可产生分生孢子，通过气流传播，也可引起初次侵染。田间植株发病后，发病部位产生大量的分生孢子，借助气流和雨水传播，从寄主的气孔侵入，不断地进行再侵染。病菌孢子萌发后侵入寄主，菌丝在细胞间隙蔓延，产生吸器吸取营养；病菌也可以从萼片、花梗的气孔侵入，并进入子房，潜伏在种皮内，又成为翌年的初侵染菌源，以此循环往复。温暖、高湿利于该病的发生。

【防治方法】

（1）种子处理　选用无病种子，若种子带菌，用52℃温水浸种30分钟，取出后在冷水中冷却；或用硫酸铜 1 000 倍液浸种 5 分钟，或用高锰酸钾 500 倍液浸种 30 分钟，或用 2% 武夷菌素水剂 100 倍液浸种 60 分钟，取出种子后用清水漂洗 2 ~ 3 次，然后晾干催芽播种；或用 50% 克菌丹可湿性粉剂按种子重量的 0.4% 拌种。

（2）加强栽培管理　采用无病土育苗和地膜覆盖栽培；增施磷、钾肥，病田合理控制灌水，提高植株抗病性；重病田可与非寄主作物轮作 2 ~ 3 年，以降低土壤中菌源基数；收获后深翻，清除病残体；定植前空棚时，用硫黄熏蒸进行环境消毒，按每100米^{3}用硫黄0.25千克和锯末0.5千克，混合后分几堆点燃熏蒸24小时。

（3）**高温闷棚** 病害严重时，采用高温闷棚的方法，温度35～36℃持续2小时，可有效抑制病情发展。保护地番茄应科学通风，前期搞好保温，后期加强通风，降低棚室内湿度，夜间提高室温，减少或避免叶面结露。

（4）**药剂防治** 防治的关键期是发病初期，可用70%甲基硫菌灵可湿性粉剂800倍液、70%代森锰锌可湿性粉剂500倍液、50%敌菌灵可湿性粉剂500倍液、70%百菌清可湿性粉剂600倍液、65%甲硫·霉威可湿性粉剂1 000倍液、50%多·霜威可湿性粉剂800倍液、50%异菌脲可湿性粉剂1 000倍液、40%氟硅唑乳油8 000～10 000倍液等喷雾。保护地番茄可每667米^{2}用45%百菌清烟剂200～250克熏蒸；也可每667米^{2}喷撒5%百菌清粉尘剂66克，每隔8～10天喷撒1次，根据病情连续或交替轮换施用，可有效控制病害。

番茄枯萎病

【症状】番茄枯萎病发病初期仅茎的一侧自下而上出现凹陷，使一侧叶片发黄、变褐后枯死，有的半个叶序或半边叶片发黄（图7-48），病株根部变褐；湿度大时，病部产生粉红色霉层，即病菌的分生孢子梗和分生孢子；剖开病茎，可见维管束变黄褐色（图7-49和图7-50）。此外，番茄枯萎病具有潜伏侵染现象。通常田间幼苗有很高的带菌率，但这些带菌幼苗并不全部表现症状，而是在具备适宜的条件时才发病，这就是田间的大多数植株在开花结果期，并遇到高温潮湿的天气才表现出典型症状的原因（图7-51）。

图7-48 一侧叶片发黄

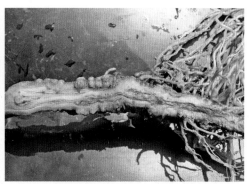

图7-50 剖开茎部维管束变褐

图7-49 茎部变褐

图7-51 结果期发病

温馨提示

番茄枯萎病与番茄青枯病有时混合发生，可通过以下3点加以区别：①两种病害的根茎维管束均可变色，但番茄枯萎病是真菌性病害，潮湿时患部表面长出近粉红色霉层；而番茄青枯病是细菌性病害，患部表面无霉层病症，挤压病茎切口或将病茎切口悬浸于清水中，可见乳白色的混浊液溢出（菌脓）。②番茄枯萎病株多半是自下部叶片开始萎垂，且先呈黄色；番茄青枯病株多自顶部叶片开始萎垂，叶色虽欠光泽但却青绿。③枯萎病病程进展较缓慢，植株发病到枯死一般需15～30天，而青枯病病程短而急，数天后即可死亡。

【病原】尖镰孢（*Fusariumo xysporum* Schltdl. ex Snyderet Hansen）属于子囊菌无性型镰孢属真菌。尖镰孢的气生菌丝白色、棉絮状，培养基底呈淡黄色、淡紫色或蓝色；大型分生孢子数量少，无色，镰刀形或纺锤形，具1～5

个隔膜，多数为3个隔膜；厚垣孢子数量少，顶生或间生，圆形，淡黄色；小型分生孢子数量多，无色，长椭圆形，单胞或偶有双胞。

【发生规律】病菌主要以菌丝和厚垣孢子在土壤、病残体、未腐熟的有机肥中或种子上越冬，也可在土壤中营腐生性生活多年，成为翌年田间病害的主要初侵染源。病菌从幼根、根部伤口或根部自然裂口侵入，在维管束中继续生长、发育和扩展，产生的大量菌丝体堵塞导管，并产生毒素毒害维管束细胞，导致植株缺乏水分和养分，叶片发黄、植株枯萎甚至死亡。病株死亡后，其上的病菌随病残体重新进入土壤，引起新的植株发病，从而使得病害在田间周而复始地发生与为害。病菌还可通过导管从病茎向果梗蔓延到果实，病菌进入果实并导致种子带菌。病菌可通过土壤、种子、肥料、灌溉水、地下害虫、土壤线虫、农事操作等途径进行传播。种子上的菌丝体和厚垣孢子可随种子调运作远距离传播，带菌种子萌发时，病菌随之侵入幼苗。

【防治方法】

（1）合理轮作　避免连作，提倡轮作倒茬，可与非茄科蔬菜（如葱、蒜等）实行3年以上轮作，有条件的地方推行水旱轮作，效果很好。

（2）改善育苗方式　选用无病土育苗，或采用育苗盘或营养钵育苗，可减少因分苗造成的伤口。

（3）高温消毒　收获后深耕翻晒土壤，利用太阳高温和紫外线杀死部分病菌；在夏季晴天，收获后深耕、灌水、铺地膜，在晴天强光下可使膜内温度达70℃，消毒5～7天，保护地栽培还可同时密闭棚室进行闷棚，提高棚室内土温更利于消毒.也可在翻耕前每公顷撒600～750千克生石灰，以增强消毒效果。

（4）种子处理　播种前用52℃温水浸种30分钟；也可将干燥种子放在70～75℃的恒温中处理72小时。或在播种前，用50%多菌灵可湿性粉剂300倍液浸种1小时，或用0.4%硫酸铜溶液浸种5分钟，还可用种子重量0.3%～0.5%的50%克菌丹可湿性粉剂，或用50%福美双可湿性粉剂、50%苯菌灵可湿性粉剂进行拌种。

（5）药剂防治　定植后至开花结果初期是病菌侵染时期，即使没有发现症状也要定期灌药预防；田间初现病株更需防治，可选用50%多菌灵可湿性粉剂500～1000倍液，或50%琥胶肥酸铜可湿性粉剂400倍液、50%苯菌灵可湿性粉剂500～1000倍液等，每株灌药300毫升，隔10天灌1次，连灌2～3次；或选用10%多抗霉素可湿性粉剂100倍液灌根，每株灌500～1000毫升。

对未发病的植株要进行施药保护。生长后期可以选用30%苯醚甲环唑•丙环唑乳油3 000倍液、42.4%氟唑菌酰胺•吡唑醚菌酯悬浮剂1 500倍液喷施。

番茄菌核病

【症状】番茄菌核病可在番茄的苗期和成株期为害，以茎秆、叶片、花器和果实受害为主。叶片、茎秆和果实均能感染发病。叶片受害，大多从叶缘侵染，产生水渍状、淡绿色的病斑，湿度大时长出白色霉层（图7-52），病斑呈灰褐色，并迅速扩展，致使叶片枯死。病菌常由病叶叶柄基部侵入茎内，引起茎部发病，茎部病斑向上、下发展，最初灰白色（图7-53），稍凹陷，进而表皮纵裂，边缘呈水渍状，茎内、外都能产生菌核，严重时植株枯萎死亡。果实受害，一般由果柄向果面蔓延，致未成熟果似水烫状（图7-54），病部也产生菌核。

图7-52 叶片上长出白色霉层

图7-53 茎部症状

图7-54 果实症状

温馨提示

无论苗期还是成株期，湿度大时，发病部位产生絮状白色霉层，后期形成黑色菌核，并常常引起湿腐，但无臭味。

【病原】核盘菌[*Sclerotinia sclerotiorum*（Lib.）de Bary]，属子囊菌门核

盘菌属真菌。病菌的菌丝发达，具有分枝，纯白色，可相互交织形成菌核。菌核形状为鼠粪状或豆瓣状，初白色，后变成黑色，菌核单个散生或多个聚生（图7-55）。

【发病规律】病菌主要以菌核随病残体或直接落入土壤中或混杂在种子中越冬和越夏，成为下茬作物病害的主要初侵染源。落入土中的菌核可存活3年以上，通过调运带菌种子和移栽病苗也可传病。温、湿度适宜时，菌核萌发产生子囊盘和子囊孢子，子囊孢子成熟后被放射到空中，并借助气流、流水和农事操作等传播到植株上，进行初次侵染。子囊孢子先从寄主衰弱的器官（衰老叶片及残存花瓣等）侵入，

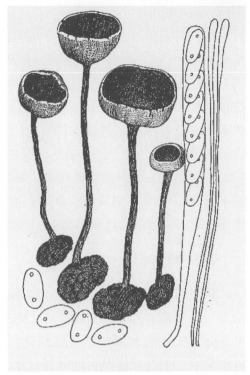

图7-55　核盘菌

感染力增强后再侵害植株健壮部位。子囊孢子经伤口或叶片气孔侵入，也可由芽管穿过叶片表皮细胞间隙直接侵入。病菌在田间可通过病、健株间，或病、健花间，或染病杂草与无病植株的接触，或农事操作以及风雨等传播方式进行多次再侵染，导致病害不断加重。低温、高湿是发病的主要影响因素，一般空气相对湿度达85%以上时发病重，低于65%发病轻或不发病。

【防治方法】

（1）合理轮作　避免连作，最好与水生蔬菜、禾本科作物或葱蒜类蔬菜轮作，避开茄科类寄主作物连作。

（2）改善栽培方式　采用高畦或半高畦栽培、双行定植、覆盖地膜及膜下浇水等防病栽培技术，以阻止子囊盘萌发出土，减少病菌与植株接触的机会。

（3）加强田间管理　发病地块收获后及时深翻晒垡，并及时摘除下部病叶、老叶、病枝和病果，携出田外深埋销毁，以减少菌源；在收获后的休闲期间，彻底清除棚室内的病株残体。

（4）种子处理　播种前，将种子在凉水中浸泡10分钟，捞出后放入55℃温水中，不断搅拌，并保持水温浸泡30分钟，再将种子放入凉水中浸泡4～5

小时，晾干播种。

（5）**药剂防治**　发病前或发病初期用药，可喷施50%乙烯菌核利可湿性粉剂1 000倍液，或50%异菌脲可湿性粉剂1 000倍液、50%腐霉利可湿性粉剂1 000倍液、70%甲基硫菌灵可湿性粉剂800倍液、25%醚菌酯悬浮剂1 000倍液、10%苯醚甲环唑水分散粒剂1 000倍液等，间隔7～10天喷药1次，连续用药2～3次。植株生长前期，喷雾重点是植株基部和地表，开花期后重点喷洒植株上部。对于病茎，除喷药外，还可将上述药剂配制成高浓度（20～30倍液）的药糊涂抹病部，效果更佳.在棚室发病的初期，可用10%腐霉利烟剂或45%百菌清烟剂熏烟防治，每667米^{2}用药250克，傍晚进行密闭熏烟，第二天上午结合放风排烟，约间隔7天熏烟1次，连续处理2～3次。

番茄晚疫病

【症状】番茄晚疫病在整个生育期均可发生，可为害番茄幼苗（图7-56）、叶片、茎和果实。叶部发病多从叶尖或叶缘处开始发病（图7-57），发病初期叶面出现暗绿色水浸状不规则病斑，似开水烫伤，之后病斑扩大变为褐色。叶背症状一般为水浸状，除叶脉呈褐色，叶背其他发病部位变色不明显（图7-58）。湿度大时，叶片背面病、健交界处长出白色霉层（即孢子囊梗和孢子囊）（图7-59），发病严重时叶面也会出现白色霉层，许多病斑相连可使叶片霉烂变黑，向叶柄扩展，导致叶柄折断。茎秆染病也出现褐色水浸状病斑，病斑稍凹陷，不规则形或条状，扩展边缘不规则（图7-60），严重时环茎一周，湿度大时出现稀疏白色霉层（图7-61），茎秆腐烂易折断，输送养分通道被阻，导致被害部位以上植株枯萎，严重时全株焦枯、死亡（图7-62）。果实染病多

图7-56　幼苗被害

图7-57　叶尖及叶缘处发病

叶脉褐色

图7-58 叶片背部症状

图7-59 叶背长出白色霉层

图7-60 茎部褐色水渍状病斑

图7-61 茎部的白色霉层

发生在青果期，发病部位可为果柄、萼片和果实（图7-63）。发病初期为油浸状浅褐色斑，发病部位多从近果柄处开始，逐渐蔓延，引起萼片发病，并向果实四周扩展呈云纹状不规则病斑，病斑边缘没有明显界限，发病果实的病部表面粗糙，果肉质地坚硬，扩展后病斑呈暗棕褐色，湿度大时病斑边缘长出稀疏白色霉层。发病严重的果实病部出现

图7-62 植株枯萎

条状裂纹，有油状液滴浸出。病原菌也可以从果脐侵染（图7-64），侵染后呈不规则褐色水渍状病斑向四周扩展。病果受害，病原菌向果实内部蔓延，切开后可见果肉褐化，但腐败组织保持相当弹性，不软化、水解。病原菌除侵染青

果外，也可以侵染成熟果实（图7-65）。成熟果实发病症状与青果相似。发病时若气温升高、湿度降低，则病斑停止扩展，病部产生的白色霉层消失，病组织干枯，质脆易碎。

图7-63　从萼片开始发病的青果

图7-64　从果脐开始发病的青果

图7-65　成熟果实被害

【病原】病原为致病疫霉[*Phytophthora infestans* (Mont.) de Bary]，属卵菌门疫霉属。菌丝有分枝，无色，无隔或多隔；病菌孢子囊梗成束从病组织孔口长出，不规则分枝，无色、纤细，呈结节状生长，结节处膨大，膨大后逐渐变细，出现下一个结节膨大，再变细，向上生长顶端膨大形成孢子囊，随着孢子囊梗生长，孢子囊变成侧生。孢子囊椭圆形或长卵形，顶部有一乳头状突起，不明显，基部具短柄，孢子囊可产生8～12个肾形游动孢子。游动孢子具2根鞭毛，失去鞭毛后变成休止孢子（图7-66）。

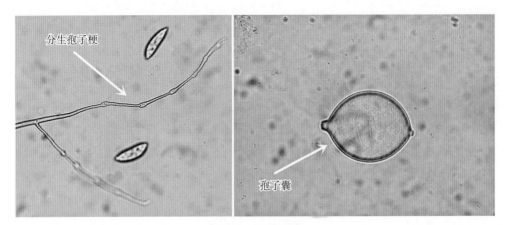

分生孢子梗

孢子囊

图7-66　致病疫霉

【发生规律】病菌主要以菌丝体在病残体，以及田间的栽培番茄田边自生苗或田边的野生茄科植物上越冬，成为第二年田间发病的初侵染源。孢子囊借气流或雨水传播到番茄植株上，从气孔或皮孔直接侵入，在田间形成中心病株，当条件适宜时，病菌经过3～4天后就可在病部产生大量孢子囊，孢子囊借风雨、气流传播蔓延，进行多次再侵染，导致病害流行。致病疫霉产生的有性孢子为卵孢子，卵孢子可以在受侵染的寄主组织叶片、茎、果实、种子上产生并成为重要的侵染来源。在低温、高湿，连续阴雨或早晚多雾多露的情况下，病害容易流行。田间温度高于30℃不利于病害的扩展。若中心病株出现以后遇到连续高温干旱，病害有可能停止发展。晚疫病的发生与植株的抗性以及栽培条件等因素也密切相关。地势低洼、积水、种植过密、植株徒长或植株营养不良、长势衰弱等都有利于病害的发生。

【防治方法】

（1）改善栽培环境　番茄晚疫病属于低温高湿病害，因此，可以通过控制塑料棚、温室中的温、湿度来缩短结露时间，从而预防晚疫病的发生。在冬春季栽培中，当昼夜温度为10～25℃、湿度变化范围为75%～90%，有利于番茄晚疫病发生时，可采取放风降湿、提高温度的方法防止病害发生。一般于晴天上午温度上升到28～30℃时开始放风，保持温度在22～25℃，以利于降湿。当温度降到20℃时应及时关闭通风口，以保证夜温在15℃以上，减少结露量和缩短结露时间。

（2）消除菌源　及时清理田间病残体，减少初始菌源量，能够有效地控制番茄晚疫病流行，降低经济损失。在发病初期摘除病叶、病果，摘除时可用塑料袋罩住病残体，以防止病原菌飞散造成再次侵染。发病严重时可以大量摘除中上部发病叶片，降低菌源量，同时结合药剂防治，可以取得较好的防治效果。

（3）药剂防治　防治番茄晚疫病应尽可能早防治，并注意及时通风排湿，结合使用烟剂。为避免产生抗药性，注意施药时几种药剂交替使用或混合使用，有利于提高防效。但混合使用要注意药剂间的性质，以免影响效果或产生药害。当叶柄和茎秆感染晚疫病后，可用72%霜脲·锰锌可湿性粉剂150倍液或58%甲霜·锰锌可湿性粉剂150倍液涂抹发病部位，同时结合摘除病叶。发病初期或未发病前，每667米^{2}用3%多抗霉素可湿性粉剂360～480克对水75升（即稀释150～200倍液），喷雾防治，每隔5～7天防治1次，根据发病情况连续施药2～4次，施药时注意叶片正、背面均匀施到；或用72%霜脲·锰锌可湿性粉剂550～650倍液、68%精甲霜·锰锌可分散粒剂600～750倍液、58%甲霜·锰锌可湿性粉剂500～800倍液、10%氰霜唑悬浮剂1 100～1 500倍液、70%丙森锌可湿性粉剂300～400倍液进行喷雾防治，每隔7～10天防治1次，根据病情连续施药3～4次。小苗喷药量酌减。也可在发病初期施用45%百菌清烟剂，老棚或重茬棚应在发病前开始施药，每次施药在傍晚盖帘前，全部点燃后密闭大棚，次日早晨打开大棚通风。每次每667米^{2}用药200～250克，每隔5～7天施药1次，连续4～5次。使用烟剂要注意安全，次日待通风后方可进入大棚从事日常管理。

番茄灰叶斑病

【症状】该病在幼叶及老叶上均可出现。病斑初为褐色小点，以后逐渐扩大，初为圆形或近圆形，后期受叶脉限制呈多角形，有的病斑连成片呈不规则形，病斑中央灰白色至黄褐色，边缘深褐色，具有黄色晕圈，有的病斑上具有同心轮纹，叶片背面病斑颜色较叶片正面浅。

发病后期时均易穿孔破裂，严重发生时病斑布满整个叶片，使叶片干枯脱落，甚至整个枝条变黄干枯（图7-67至图7-70）。该病严重时蔓延至叶柄、茎蔓，甚至萼片、果实，造成减产。

图7-67　从叶尖及边缘发病

图7-68　叶片正面病斑

图7-69　叶片背面病斑

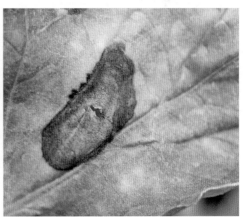

图7-70　病斑穿孔破裂

【病原】番茄灰叶斑病的病原为茄匍柄霉（*Stemphylium solani* G. F. Weber），属子囊菌无性型匍柄霉属真菌。菌丝无色，分枝，分隔。分生孢子梗淡褐色，有隔膜，单生或2～3根束生，长200微米，粗4～7微米。分生孢子淡褐色至浅黑色，脐部深褐色，无喙，一般着生于分生孢子梗的顶端，分生孢子为砖格形，有3～6个横隔膜及数个纵隔膜，在中隔处缢缩，表面光滑或具有细疣（图7-71）。有性阶段为番茄格孢腔菌（*Pleospora lycopersici* El. & Em. Marchal）。

【发生规律】番茄灰叶斑病菌以分生孢子或菌丝体随病残体在土壤中越冬，成为翌年主要初侵染源。当温、湿度条件适宜时，病菌在田间引起初侵染，发病后新产生的分生孢子通过气流、雨水、灌溉水、农具和农事操作等途径传播，引起多次再侵染，使病害在田间不断蔓延。在适宜条件下，该病传播极

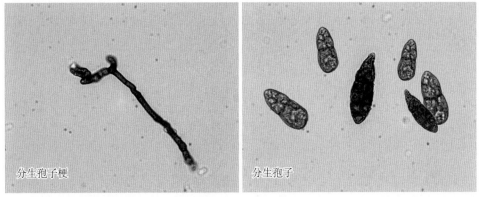

分生孢子梗　　　　　　　　　分生孢子

图7-71　茄匍柄霉

快，从发病到全株叶片感染只需2～3天。病菌一般从植株的老叶开始侵染，故植株中下部的老叶发病较重。番茄灰叶斑病主要是在气候暖湿地区的春、夏季节发生，主要发生在春番茄上，发病初期为4月末5月初，此时的栽培温度已经稳定在10℃以上，但相对湿度不是很高，病害不会迅速传播蔓延，5月中旬为发病高峰，此时相对湿度较大，利于病害蔓延，病害一般持续到7月中旬就开始减弱，秋季几乎不会有该病的发生。该病发生及流行受温度及相对湿度影响，连雨天、多雾的早晨以及温度忽高忽低变化均有利于该病的发生及蔓延。

【防治方法】

（1）**清除病残体**　种植期内及时清除田间老弱病叶，在拉秧后及时将田间病残清理并焚烧，减少初始菌源。

（2）**合理轮作**　在发病较重的田块与非寄主植物如十字花科、瓜类蔬菜进行轮作3年以上。

（3）**控制温、湿度**　在病害发生初期严格控制棚室内的温、湿度，温度控制在20℃以下，相对湿度在60%以下，适时放风除湿，并且应防止早晨棚室内发生滴水现象。

（4）**药剂防治**　该病流行较快，因此在初期发现病斑后及时用药非常关键。可以选用10%苯醚甲环唑水分散粒剂900～1 500倍液、12.5%腈菌唑乳油2 500倍液、70%甲基硫菌灵可湿性粉剂600倍液，以及甲氧基丙烯酸酯类杀菌剂如50%醚菌酯水分散粒剂4 000倍液等。药剂的使用间隔期要依据病害的严重程度以及天气情况而定，如果阴雨连绵，则可以缩短用药间隔期，因为高湿的天气利于该病的传播及蔓延。

番茄溃疡病

【**症状**】番茄溃疡病是细菌性维管束病害，感染番茄溃疡病菌的植株既可以表现出局部症状，也可表现系统症状。

病原菌一般从叶缘侵入，初期叶边缘会出现病斑，褐色并伴有黄色晕圈（图7-72），病斑颜色逐渐加深变为黑褐色，且逐渐向内扩大，导致整个叶片黄化，似火烧状（图7-73）；当病原菌从叶面上直接侵染时会出现向下凹陷的褐色小斑点，病斑近圆形至不规则形（图7-74和图7-75）。成株期发病，一般是下部叶片首先表现症状，并逐渐向顶端蔓延，病害严重发生时引起全株性叶片干枯（图7-76）。在果实上的典型症状是形成"鸟眼斑"，病斑中央产生黑色的小斑点并伴有白色的晕圈，较粗糙，直径约为3毫米（图7-77）。但温室番茄果实感病不呈现"鸟眼斑"，通常出现网状或大理石纹理（图7-78），因此，在温室中果实上是否出现"鸟眼斑"并不能作为诊断番茄溃疡病的依据。茎部和叶柄感病会出现褐色的条斑（图7-79），随着病情扩展病斑呈开裂的溃疡状

图7-72　叶缘处病斑

图7-73　叶片干枯似火烧

图7-74　叶片正面病斑凹陷

图7-75　叶片背面病斑凹陷

图7-76　病情由下向上蔓延

（图7-80），剖开茎部会发现维管组织变色并向上下扩展，后期产生长短不一的空腔，茎略变粗，生出许多不定根，最后茎下陷或开裂，髓部中空（图7-81）。系统感染后的植株首先会表现出萎蔫似缺水，叶片边缘向上卷曲（图7-82），进一步发展，整个番茄病株萎蔫，植株生长缓慢、迅速枯萎死亡。

【病原】番茄溃疡病的病原是密执安棒形杆菌密执安亚种（*Clavibacter michiganensis* subsp. *michiganensis*），属厚壁菌门棒形杆菌属。菌体呈直或略弯曲的短杆状，无芽孢，无鞭毛，无运动性，革兰氏染色阳性（图7-83）。

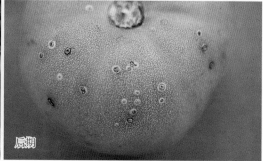

图7-77　鸟眼斑

图7-78　网状纹理

图7-79　茎部褐色条斑

图7-80　茎部开裂

图7-81　髓部中空

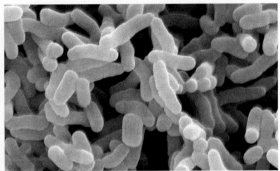

图7-83　密执安棒形杆菌密执安亚种

图7-82　叶片边缘向上卷曲

【发病规律】番茄溃疡病菌主要以种子或种苗带菌进行远距离传播，病菌随病残体在土壤和粪肥中越冬，可存活2～3年，是田间病害重要的初侵染源；种子带菌率往往可达50%左右，带菌种子在病害远距离传播中起到很大的作用。病菌主要依靠雨水飞溅传播，从伤口侵入寄主，3～4周后，田间就会出现发病植株。这些病株的病斑上可产生大量的病原细菌，除继续由雨水飞溅传播外，还可随灌溉水、整枝、打杈、绑蔓等农事操作以及昆虫为害的途径传播，在田间进行多次再侵染。温暖潮湿的气候有利于发病，特别是在开花结果期间，最高气温在28℃以下，并多雨和狂风，病害最易流行。

【防治方法】番茄细菌性溃疡病传播快、危害大，一旦条件适宜会造成大规模的暴发流行。目前该病害主要以预防为主，在发病前期或发病初期做好预防工作对病害的控制会起到较好的效果。

（1）加强检疫 种子带菌是病害远距离传播的主要途径，要加强检疫措施，严防带菌种苗进入无病区。

（2）种子处理 选择无病留种田，选择没有番茄溃疡病病史的地区进行育种留苗，并采取严格隔离措施，防止病原菌感染种子。播种前采用温汤浸种，在38℃热水中浸泡5分钟使种子预热，然后在53～55℃的条件下浸泡20～25分钟不断搅拌，要控制好温度，温度过高会影响出芽率。取出种子在21～24℃下晾干，催芽后播种。也可用0.01%的醋酸浸种24小时，或选用0.5%次氯酸钠溶液浸种20分钟。这些方法都能减少种子带菌量。

（3）土壤处理 可在夏天高温季节进行闷棚处理，对大棚中的土壤灌足水后覆盖聚乙烯膜，日晒4～6周，能有效降低田间菌量，可使番茄溃疡病的发病率降低；或者是选用威百亩在定植前1个月对土壤进行熏蒸处理，也可起到良好的预防效果。

（4）加强田间管理 及时摘除老叶、黄叶、病叶，拔除病株和附近的植株，将病残体集中到一起进行焚烧或深埋，并对病穴和周围的土壤施药，尽快消毒，避免病菌随病残体传播蔓延。早上叶片湿度大、露水多时，不要进行整枝、采摘等农事操作。从发病田块转到健康田块进行劳作时，应提前用10%的次氯酸钠对农具进行消毒，或更换新的农具，接触过病株、病果、病残体的手要用肥皂水清洗。收获后对土壤进行翻耕。

（5）合理轮作 与非茄科植物轮作2年以上，可有效降低田间病原菌的数量，控制病害的发生。

（6）药剂防治 发病初期使用生物药剂3%中生菌素可湿性粉剂600倍液对植株整体喷雾，每隔3天喷施1次，连续3～4次可有效预防和控制番茄溃疡病的发生和发展。此外，春雷霉素对番茄溃疡病也有较好的防治效果，2%春雷霉素水剂500倍液，每隔5～7天喷洒1次，连续使用3～4次。常用的化学药剂有20%络氨铜水剂500倍液、20%噻菌铜悬浮剂700倍液、77%氢氧化铜可湿性粉剂800倍液，每隔7天喷施1次，连续喷施2～3次。田间施药时铜制剂与其他药剂尽量轮换使用。在番茄幼苗感病前喷施500微克/毫升DL-2-氨基丁酸药液可诱导植株对番茄溃疡病产生抗性，可使发病率降低。

番茄青枯病

【症状】番茄青枯病属于细菌性维管束病害，保护地和露地都有发生。植株发病后，通常是顶部嫩叶首先表现症状（图7-84），特别是中午明显萎蔫，傍晚以后恢复正常，随着病害的发展植株的萎蔫症状逐渐加重，早晚不再能够恢复，一周内整株便可凋萎、枯死（图7-85），但叶片无斑点、不脱落，并且仍保持绿色。剥开病茎部的皮层或横切病茎，均可见木质部的维管束组织呈褐色（图

图7-84　顶部嫩叶萎蔫

7-86），这是番茄青枯病的重要特征，而且褐色部位往往从根部一直延伸到枝条，横切后的病茎在清水中浸泡或用手挤压切口，常有白色黏液溢出（图7-87），潮湿条件下，茎或叶柄也会流出菌脓（图7-88）发病末期枝条的髓部

图7-85　整株枯萎

图7-86　维管束组织变褐

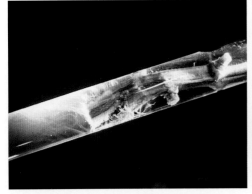

图7-87　清水浸泡有白色黏液溢出

图7-88　病部流出菌脓

大多腐烂、空心，但病株根部正常。番茄病茎下端的表皮粗糙不平，常常长出不定根和不定芽（图7-89和图7-90）。

图7-89　茎下端表皮粗糙　　　　　　　　图7-90　不定根

【病原】茄劳尔氏菌[*Ralstonia solanacearum*（Smith）Yabuuchi et al.]属薄壁菌门劳尔氏菌属。菌体短杆状，两端钝圆，极生鞭毛1～4根，无芽孢和荚膜，革兰氏染色阴性（图7-91）。

图7-91　茄劳尔氏菌

【发生规律】番茄青枯病属土传和水传病害，病原菌能在水中和土壤中长期存活。在自然界中，病菌主要随病株残体在土壤中或田间的中间寄主植物上越冬和渡过无茄科作物期；当无寄主植物时，病原菌在土壤中一般能存活14个月至6年之久，这些越冬病菌都可成为下季发病的初侵染源。在田间，病菌主要通过雨水、灌溉水、昆虫、带菌土壤及生产工具等传播扩散，通过伤口和自然孔口侵入植物。受侵染的植株发病后，新病株产生的病菌仍由土壤、病株残体和灌溉水等途径传播，在田间进行反复再侵染。土壤偏酸，加上高温、潮湿的气候条件，利于番茄青枯病的发生。

【防治方法】

（1）选用抗（耐）病品种　选育以及种植抗病品种是茄科蔬菜青枯病最经济、有效的防治措施。抗（耐）青枯病的番茄品种有益丰、年丰、阿克斯1号、新星101、红箭樱桃番茄、浙杂204、西粉3号、渝抗5号、毛粉802等。

（2）合理轮作　避免茄科蔬菜的连作或邻作，可与瓜类、禾本科作物多年轮作，重病区需轮作4～5年，以减少土壤中的病菌残留量。

（3）加强栽培管理　选择无病地育苗，采用高畦、窄垄种植；适时整枝，避免病、健株同时整枝；使用充分腐熟的有机肥，合理配比氮、磷、钾肥等；避免大水漫灌，做好雨后排水工作；对于酸性土壤，在整地时可撒施适量的石灰（根据土壤酸度确定石灰用量），然后耕翻混匀，使土壤呈微碱性，以减少发病；加强田间调查，一旦发现病株应立即拔除销毁，并在病穴中撒生石灰消毒，防止病害扩散。

（4）药剂防治　防治番茄青枯病应尽量在发病初期用药，以提高防效。可用72%农用硫酸链霉素可湿性粉剂4 000倍液，或25%络氨铜水剂500倍液、77%氢氧化铜可湿性微粒粉剂400～500倍液、50%琥胶肥酸铜可湿性粉剂400倍液灌根，每10天灌根1次，连续灌3～4次。种子和幼苗的消毒处理也是防治青枯病的重要环节，可在播种前用种子重量3%的50%克菌丹可湿性粉剂拌种，幼苗定植前用石灰或芥子油饼处理土壤，可降低土壤的含菌量。

番茄细菌性髓部坏死

【症状】该病主要为害番茄茎和分枝，叶片、果实也可被害，被害植株多在青果期表现症状。病程发展比较缓慢，从表现萎蔫至全株枯死约需20天。叶片初发病时，植株上、中部叶片失水萎蔫，部分复叶的少数小叶叶尖和叶缘褪绿，初呈暗绿色失水状，渐向小叶内扩展，引起黄枯，发病较晚的植株叶片青枯、无斑点。下部茎多先发病，初时病茎的表面生褐色至黑褐色病斑，髓部发生病变的地方则长出很多不定根（图7-92和图7-93），后在长出不定根的上、下方出现褐色至黑褐色斑块，表皮质硬，长度可达5～10厘米。纵剖病茎，可见髓部变为褐色至黑褐色，或出现坏死，髓部病变长度往往要超过茎部外表变褐长度；茎部外表褐变处的髓部先坏死、干缩中空，并逐渐向茎的上、下延伸（图7-94）。湿度大时，从病茎伤口或叶柄脱落处可溢出黄褐色的菌脓，但病茎髓部的坏死处无腐臭味。分枝、花器、果穗被害症状与茎部相似。番茄果实多从果柄处变褐，终至全果褐腐、果皮质硬，挂于枝上。

图7-92　茎部病斑

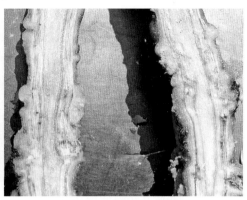

图7-93　病部长出不定根

图7-94　髓部干缩中空

【病原】皱纹假单胞菌（*Pseudomonas corrugata* Robertsand Scarlett），又名番茄髓部坏死假单胞菌，属于薄壁菌门假单胞菌属。菌体杆状，多根极生鞭毛，革兰氏反应阴性菌。菌落起皱，淡黄色，有时中央有绿点。能产生黄色至黄绿色、扩散性非荧光色素，因菌龄和培养基的差别，菌落呈土黄色至淡黄褐色。

【发生规律】病原在病残体和带菌种子中越冬，均可作为田间病害的初侵染源。翌年种植番茄时，土壤中的病菌即可从植株的伤口等处侵入并在维管束中蔓延，受初次侵染的植株发病后，病菌可通过雨水和灌溉水、农事操作、整枝绑蔓等途径进行再次传播和再次侵染。

温馨提示

　　番茄细菌性髓部坏死病通常发生在番茄第一穗果坐住后到最后一穗果进入绿果期，尤以植株生长中期和果实膨大期发病为重。

【防治方法】

（1）合理轮作　发病地块避免番茄连作，可与非茄科蔬菜轮作2～3年。

（2）加强栽培管理　清洁田园，深翻改土，结合深翻改善土壤结构，提高保肥保水性能，促进植株根系健壮发达，以提高抗病能力；避免过量施用氮肥，增施磷、钾肥；加强棚室的科学管理，生长期间夜温不应低于10℃；经常通风，降低棚室内的空气湿度，防止棚室内低温高湿；避免在阴雨天整枝打杈或带露水操作，雨后及时排除积水；及时除草和拔除病株，带至田外深埋或烧毁。

（3）种子处理　对可能带菌的种子进行消毒，可采用55℃温水浸种15分钟，捞出后用冷水冷却，再催芽播种；或用0.6%乙酸溶液浸种24小时，清水冲洗，稍晾干后催芽播种。定植前1周，用40%福尔马林药液1 000倍液泼浇地面，并用薄膜覆盖，封棚杀死病菌。

（4）药剂防治　一旦田间出现中心病株，立即喷药防治。可选用72%农用链霉素可溶性粉剂3 000～4 000倍液，或85%三氯异氰尿酸可溶性粉剂1 500倍液、90%新植霉素可溶性粉剂4 000倍液、50%琥胶肥酸铜可湿性粉剂500倍液、77%氢氧化铜可湿性粉剂500倍液、14%络氨铜水剂300倍液等，每10天用药1次，连续防治2～3次。若发病较重时，可采用注射法进行防治，将上述药剂从病部上方注射到植株体内进行治疗，3～5天注射1次，连续3～4次。也可用上述药剂灌根，或提高药液浓度后与白面调成药糊涂抹在轻病株的病斑上，如85%三氯异氰尿酸可溶性粉剂 500 倍液、50%琥胶肥酸铜可湿性粉剂300倍液、77%氢氧化铜可湿性粉剂300倍液、14%络氨铜水剂200倍液，白面适量，能黏住即可。

番茄细菌性斑点病

【症状】番茄细菌性斑点病能够在番茄苗期至收获期的整个生长季节造成为害，主要为害番茄叶、茎、花、叶柄和果实。叶片感染，产生深褐色至黑色不规则斑点，直径2～4毫米（图7-95），斑点周围有黄色晕圈，严重时后期常穿孔（图7-96）。茎秆发病初期先出现小而数量较多的圆形、水渍状、褐色

图7-95　叶片上的斑点

图7-96　叶片后期有穿孔

病斑，但病斑周围无黄色晕圈，病斑易连成斑块，后期严重时可使一段茎部变黑（图7-97）。果柄受害症状与茎部相似，黑点密集而小，常造成落花，后期果柄部变黑。为害花蕾时，在萼片上形成许多黑点，连片时，萼片干枯。幼嫩果实初期的小斑点稍隆起，近成熟时病斑周围往往仍保持较长时间的绿色。病斑附近果肉略凹陷，中央形成木栓化疮痂，病斑周围黑色，中间色浅并有轻微凹陷（图7-98）。

图 7-97　茎部病斑

图 7-98　果实上的病斑

【病原】丁香假单胞菌番茄致病变种[*Pseudomonas syringae* pv. *tomato* （Okabe）Young，Dye & Wilkie]，属薄壁菌门假单胞菌属。菌体呈短杆状，有一至数根极生鞭毛，无荚膜，无芽孢，革兰氏染色阴性。该菌在KB培养基上培养48小时后形成乳白色圆形菌落，菌落直径2～3毫米，全缘不透明，表面光滑黏稠状，在紫外灯下观察有黄绿色荧光（图7-99）。

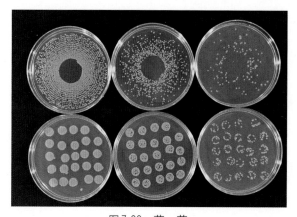

图 7-99　菌　落

【发生规律】带菌种子的调运是远距离传播病害的主要途径。播种带菌种子后，幼苗期即可染病。此外，病菌也可随病株残余组织遗留在田间越冬，而且病菌在干燥的病残组织中可长期成活，成为翌年的初侵染源。田间发病后，病原细菌通过雨水、灌溉水、昆虫、农事操作等途径进一步传播，形成多次再侵染，最终造成田间病害大流行。在我国北方冬季保护地番茄上，该菌可平安越冬，往往成为邻作番茄病害的初侵染来源。病害主要发生在高温多雨的季节，暴风雨会给植物造成伤口而有利于病菌侵入，通常雨季早的年份发病也早，多雨年份或地区发病较重。25℃以下的温度和相对湿度80%以上利于发病。

【防治方法】

（1）加强检疫　由于该病是一个重要的种传病害，因此要加强种子检疫，防止带菌种子传入非疫区。

（2）选用无病种苗　建立无病留种田，采用无病种苗；在番茄播种前，用55℃的温汤浸种30分钟，捞出移入冷水中冷却后再催芽，或用3%中生菌素可湿性粉剂600～800倍液浸种30分钟，洗净后播种。

（3）适时轮作　与非茄科蔬菜实行3年以上的轮作，以减少初侵染源。

（4）加强田间管理　如保护地番茄发生过此病，在罢园时每亩使用2～3千克硫黄，将秧子连同病株一起熏烟后，再拔除病株，同时做好病残株的处理，切勿随地乱扔；在发病初期，防治前应先清除掉病叶、病茎及病果；灌溉、整枝、打杈、采收等农事操作中要注意，以免将病害传播开来；尽量采用滴灌，防止大水漫灌。

（5）药剂防治　发病初期喷洒37.5%氢氧化铜悬浮剂600～800倍液，或77%氢氧化铜可湿性粉剂600～800倍液，或84.1%王铜可湿性粉剂400～600倍液等，隔10天左右1次，防治1～2次。也可喷施3%中生菌素可湿性粉剂600～800倍液，或2%春雷霉素液剂400～500倍液，10天喷1次，连续喷3～4次。

番茄细菌性疮痂病

【症状】该病可发生在幼苗、叶片、叶柄、茎、果实和果柄等部位，尤其在叶片上发生普遍。下部老叶先发病，再向植株上部蔓延，发病初期形成水渍状暗绿色小圆点斑，扩大后病斑呈暗褐色圆形或近圆形，表面粗糙不平，周缘具黄色环形晕圈，具油脂状光泽（图7-100）。发病中后期病斑变为褐色或黑

色，叶片干枯质脆。茎染病后，初期产生暗绿色、水渍状小点，圆形至椭圆形，病斑边缘稍隆起，裂开后呈疮痂状（图7-101）。主要为害着色前的幼果和青果，初生圆形四周具较窄隆起的白色小点，后中间凹陷呈现黄褐色或黑褐色近圆形粗糙枯死斑（图7-102）。

图7-100　叶部症状

图7-101　茎部症状

图7-102　果实被害症状

【病原】野油菜黄单胞辣椒斑点致病变种[*Xanthomonas campestris* pv. *vesicatoria*（Doidge）Dye]，属薄壁菌门黄单胞菌属。病原菌在NA培养基上培养3天后，呈淡黄色圆形菌落，黏稠状，边缘整齐，表面隆起，有光泽，菌落直径2～3毫米，最适生长温度25～30℃。最高生长温度38℃。病原菌为直杆菌，革兰氏染色为阴性，菌株具一根单极生鞭毛（图7-103）。

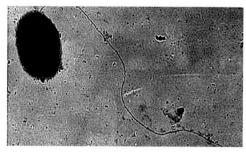

图7-103　病原形态电镜观察
（极生单根鞭毛）

【发病规律】番茄细菌性疮痂病菌主要在种子表面或随病残体在土壤中越冬，种子带菌是病害远距离传播的重要途径，病残组织中的病菌在灭菌土壤中可存活9个月，都可以成为田间病害的初侵染源。病菌与寄主叶片接触后从气孔或水孔侵入，在细胞间隙繁殖。条件适宜时，初次发病的病株上，可产生大量的病斑，病斑上溢出的菌脓借助雨水、昆虫及农事操作传播，在田间引起多次再侵染，病害逐渐蔓延开来。高温多湿有利于病菌的发育和传播。

【防治方法】

（1）农业防治　实行轮作，与非茄科蔬菜轮作2～3年。使用石灰氮对土壤进行消毒，覆盖地膜，同时高温闷棚，杀死土壤中的病原菌。加强发病植株病残体的田间管理，将病株和杂草及时清除到田块外烧毁，而非堆积在田块边，避免雨水和灌溉水冲刷后再次污染。采取高畦栽培、膜下灌水等方法，避免番茄底部叶片与水直接接触，减少雨水和灌溉水飞溅的传播。

（2）种子消毒　将种子用55℃温水浸泡30分钟，或用1%次氯酸钠浸种20～40分钟，浸种完毕用清水冲洗净药液，稍晾干后再催芽。

（3）药剂防治　番茄细菌性疮痂病传播很快，前期预防工作尤为重要，在发病前和发病初期施药，能有效地预防和控制病害的发生和传播。使用生物农药，如用72%农用链霉素可湿性粉剂4 000倍液喷雾，隔7天喷1次，连续喷2～3次；也可用3%中生菌素可湿性粉剂600倍液喷雾，隔5天喷1次，连续喷2～3次。或用化学药剂进行防治，可以用20%叶枯唑可湿性粉剂800倍液喷雾，隔7天喷1次，连续喷2～3次。

番茄花叶病毒病

【症状】番茄的整个生长期都可被害，侵染越早，受害越重，尤以初花期至坐果期受害最为普遍且严重。番茄花叶病毒病的典型症状为病株叶片呈系统性花叶，叶片浓绿和淡绿相间，浓绿部分稍隆起，呈疱状，使叶面皱缩不平（图7-104）；病株新长出的叶片变小、细长，甚至扭曲为畸形（图7-105）；叶脉、叶柄和茎部产生褐色坏死斑点或条斑（图7-106），果面上也有坏死斑块，果肉变褐。高温时花叶不明显，但茎部和果实坏死较重。

【病原】番茄花叶病毒（*Tomato mosaic virus*，ToMV），属帚状病毒科烟草花叶病毒属。病毒粒体刚直长杆状（图7-107）。

【发生规律】在土壤中、病残体和种子上越冬，在田间主要依靠病、健植株叶片的相互接触摩擦以及农事操作进行传播与扩散。病毒也可以在众多中间

图 7-104　叶部症状

图 7-105　新叶细小、畸形

图 7-106　叶脉、叶柄和茎部产生坏死斑点或条斑

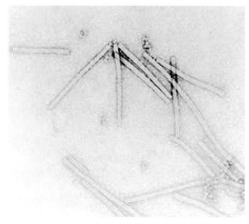

图 7-107　电镜下的番茄花叶病毒

寄主植物上度过田间无番茄生长的夏季或冬季，以后再通过田间农事操作传播到番茄植株上。高温干旱发病重，露地番茄发病比保护地重。一般情况下，夏番茄花叶病毒病最重，秋番茄次之，春番茄再次之，冬种番茄最轻甚至不发生。

【防治方法】

（1）选用抗病品种　选用抗病品种是防治番茄花叶病毒病最经济、

有效的措施。

（2）种子处理　病株生产出的种子带毒率往往很高，因此，生产用种必须选择健康不带毒的种子，并进行种子消毒处理。可用10%磷酸三钠溶液浸种0.5～2小时，清水冲洗干净后再催芽、播种。

（3）合理轮作　番茄应与茄科作物进行3年轮作，有条件地区与水稻进行轮作效果更好。

（4）加强栽培管理　作为中间寄主的杂草，在病毒病的流行中起着重要的作用。在番茄播种或定植前，尽可能地彻底清除棚室内外、田间地头的杂草，可减少毒源。前茬作物及番茄收获后，要彻底清除田间植株残体，并集中晒干烧毁，避免将田间病株残体直接翻耕到土壤中。一旦发现田间病株，应及时连根拔除，带出菜园并销毁。田间整枝打杈、绑蔓、采摘等农事操作时，病、健株要分开进行；操作前最好用3%磷酸三钠溶液洗手和浸泡工具再经清水洗净，可减少带毒量，尤其是在接触病株后更需注意。

（5）药剂防治　选用20%盐酸吗啉胍酮可湿性粉剂500倍液、1.5%三十烷醇＋硫酸铜＋十二烷基硫酸钠水剂1000倍液、10%混合脂肪酸水乳剂100倍液、8%宁南霉素水剂800倍液等，在发病初期喷药1次，视病情再施药2～3次，间隔约10天，对病情有一定的延缓作用。

番茄黄花曲叶病毒病

【症状】发病初期，顶部几片叶从叶缘开始褪绿黄化，病叶很小、粗糙、变厚、边缘鲜黄色、上卷成杯状，病株严重矮化，顶端似菜花状，落花严重，结果稀少且畸形，果实着色不均匀，失去商品价值（图7-108和图7-109）。

图7-108　叶片边缘变黄

图7-109　叶片向上卷成杯装

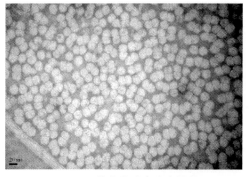

图7-110　黄化曲叶病毒电镜照

【病原】在世界范围内，可引致番茄黄化曲叶病毒病的病毒有43种，均属双生病毒科菜豆金色花叶病毒属。我国已报道可侵染引起番茄黄化曲叶病毒病的病毒有13种。这些病毒有着共同特点，即病毒粒体均为双联体结构（或称之为孪生），无包膜，病毒的基因组结构为单链环状DNA（图7-110）。

【发生规律】番茄黄化曲叶病毒病的自然传播介体为烟粉虱，以持久方式传播，其中以B型烟粉虱传播效率最高。另外，嫁接也可以传播，但种子和机械摩擦不能传播。因此，番茄黄化曲叶病毒病在田间和近距传播与扩散主要依靠烟粉虱，而长距传播与扩散主要是通过带毒番茄苗和带毒花卉苗木等中间寄主实现。

【防治方法】

（1）选用抗病品种　利用抗病品种是防治番茄黄化曲叶病毒病最经济、有效的措施，在生产上示范与推广的抗病品种有红罗曼2号、佳丽10号、秋展47、浙杂301、苏红9号和TY209等。

（2）合理轮作　番茄黄化曲叶病毒的寄主范围相对较窄，生产上可通过与非寄主作物轮作，尤其是与水稻、玉米、小麦等作物轮作，达到控制病害的目的。

（3）防除烟粉虱　烟粉虱是番茄黄化曲叶病毒的唯一自然传播介体，防治烟粉虱，有效控制其种群量，对于防治番茄黄化曲叶病毒病的流行有较大的作用，可通过黄板诱杀烟粉虱，或在烟粉虱发生初期喷药防治，可选用20%啶虫脒乳油2 000倍液，或25%噻虫嗪水分散粒剂2 000～3 000倍液、24%螺虫乙酯悬浮剂4 000～5 000倍液、10%烯啶虫胺可溶性液剂1 500倍液、50%丁醚脲悬浮剂1 500倍液等，并注意轮换使用药剂，以防烟粉虱快速产生抗药性。

（4）药剂防治　20%盐酸吗啉胍乙酸铜可湿性粉剂（病毒A）500倍液，或10%混合脂肪酸水乳剂100倍液等。在发病初期喷药1次，视病情再施药2～3次，对于延缓番茄黄化曲叶病毒病的发生有一定的作用。

番茄蕨叶病毒病

【症状】上部叶、叶柄、嫩枝先沿叶脉褪绿，后变成细线状，茎节短小，枝叶呈丛生状（图7-111），中下部叶片向上卷成筒状。茎上部节间缩短，形成枝叶丛生状（图7-112），病株矮缩，结果减少，仅下部2～3个花序能结果，果实变小，严重影响产量。病害轻时植株黄化矮缩，花冠加厚成巨型花，结果小或畸形。发病重时花蕾未打开即坏死，拔起病株没有新根，根部坏死。田间常与其他几种病毒病混合出现。

图7-111　叶部症状　　　　　图7-112　茎上部枝叶丛生状

【病原】由黄瓜花叶病毒CMV侵染番茄后引起。病毒粒子为等轴对称的二十面体，无包膜，三个组分的粒子大小一致，直径约29纳米（图7-113和图7-114）。

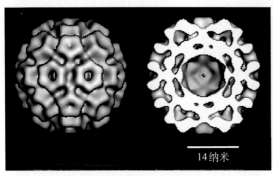
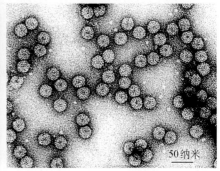

图7-113　黄瓜花叶病毒冷冻电镜（CryoEM）　图7-114　电镜下黄瓜花叶病毒的粒体形态
　　　　　三维结构

【发病规律】该病毒在宿根杂草上越冬，由蚜虫传毒。病毒病的发生与环境条件关系密切，高温干旱利于发病。此外，管理粗放、偏施氮肥、植株长势瘦弱、土壤贫瘠、板结、排水通风不良等均利于病害发生。

【防治方法】

（1）合理轮作　生产上可通过与非寄主作物轮作，尤其是与水稻、玉米、小麦等作物轮作，达到控制病害的目的。

（2）防除蚜虫　防治蚜虫，有效控制其种群量，对于防治番茄蕨叶病毒病的流行有较大的作用。可通过黄板诱杀，或在蚜虫发生初期喷药防治，具体药剂及浓度参见蚜虫防治方法。

（3）药剂防治　可选用20%盐酸吗啉胍乙酸铜可湿性粉剂（病毒A）500倍液，或0.15%的天然芸薹素内酯7 500～10 000倍液、5%菌毒清水剂500倍液、10%混合脂肪酸水乳剂100倍液等。在发病初期喷药1次，视病情再施药2～3次，对于延缓病情有一定的作用。

番茄筋腐病

【症状】番茄筋腐病是一种发生比较普遍的生理病害，主要为害番茄果实，常见两种症状：白变型和褐变型。

图7-115　绿色部分凸起

（1）白变型　主要在番茄绿熟至红熟期发生，病果着色不匀或不着色，或成熟后不转成红色的果实表面呈红黄相间，或红白黄绿相间等症状；有时果面呈半透明状，明显可见内部维管束组织变褐。发病轻的果实形状变化不大，发病重的果实靠胎座部位的果面呈绿色凸起状（图7-115），其余转红或黄的部位稍凹陷，且果面颜色红黄绿不匀，发病部位具蜡样光泽。剖开发病较轻的病果，可见果肉维管束组织呈黑褐色，且褐变部位果肉硬化、不变红，食之淡而无味；病重果的果肉维管束则全部呈黑褐色，在横切面或纵切面的表皮下可见一圈褐色至黑褐色的点或线，即病果变色的维管束（图7-116和图7-117），剥去果皮后，可见褐色或黑褐色的网状维管束，与病果不转红（即黄、绿、白色）的部位对应的维管束也呈褐色或黑褐色，部分重病果内形成空洞。

图7-116　横切面表皮下黑褐色的点

图7-117　纵切面表皮下黑褐色的线

（2）褐变型　在幼果期就可发生，特别是第一至三穗果的幼果，在果实膨大期果面上出现局部变褐，果面凹凸不平，隐约可见表皮下组织呈暗褐色（图7-118），自果蒂向果脐逐渐出现条状的灰色污斑，严重时病果呈茶褐色、变硬，出现坏死斑或云雾状的灰色污斑，后期病部颜色加深，病健部界限明显，剖

图7-118　褐变型

开病果可见维管束呈茶褐色条状坏死，细胞坏死，或果心变硬、果肉变褐，木栓化。

温馨提示

　　筋腐病与晚疫病、病毒病等病果的症状有些类似，但仔细观察有较大区别。晚疫病只为害果表，内部维管束不褐变；病毒病往往有植株的系统病变，顶部叶片表现花叶，严重时病叶皱缩、畸形，茎上有坏死斑。患筋腐病的植株生长旺盛，一般肉眼看不出茎叶有任何病状，但经解剖后，能观察到离根部20厘米处的输导组织遭破坏，呈褐色。同时，患筋腐病的果实仅在转红期表现症状，果实着色不均，转红的部位发软，褐色部位发硬；而病毒病在果实发育过程中均可发生，使整个病果变硬，果肉脆，严重的呈褐色。

【病因】 直接原因是番茄植株体内碳水化合物不足，碳氮比例下降，引起代谢失调，致使果实维管束木质化。具体因素有光照不足、空气不流通、低温、高湿、二氧化碳不足，夜温偏高以及土壤中氮、磷、钾等营养元素比例失调等。

【防治方法】

（1）选用抗病品种 中蔬4号、浙粉202、浙杂203、中杂7号、萨顿、粉迪、佳粉1号、佳粉2号、佳粉15、早丰、毛粉和美国大红等可作为重病区的主栽品种。

（2）加强栽培管理 保护地番茄施肥要掌握轻氮、少磷、重钾和补充钙、镁的原则，提倡配方施肥，即按番茄对氮、磷、钾、钙、镁的吸收比率，以及各种肥料在土壤中的吸收倍率进行施肥，保证各种元素比例协调；需施用充分腐熟的有机肥或生物菌肥，增施二氧化碳气肥，防止偏施氮肥，尤其避免过多施用铵态氮肥。

（3）合理轮作 实行轮作制，避免多年连作，南方推荐水旱轮作，北方可与非茄科蔬菜轮作换茬，缓解土壤养分的失衡状态，以满足作物正常生长的需要，特别是重病大棚的轮作换茬更为必要。

番茄根结线虫病

【症状】 番茄受到根结线虫为害后，根系发育不良，主根和侧根萎缩、畸形，形成大小不等的瘤状物或结节（图7-119），形如鸡爪状，结节有时串生，使病根肿大粗糙。根结初时为白色，光滑质软，后转黄褐色至黑褐色，表面粗糙甚至龟裂，严重时病根腐烂，使植株枯萎（图7-120）。剖视番茄根部的结节，可见许多白色柠檬形雌虫，有时可见蠕虫形雄虫。根结上通常有稀疏细小新根，之后新根又被感染肿大。

图7-119　根部症状

图7-120　植株枯萎

【病原】 主要包括南方根结线虫[*Meloidogyne incognita*（Kofoid &White）Chitwood]、爪哇根结线虫[*M. javanica*（Treub）Chitwood]、花生根结线虫[*M. arenaria*（Neal）Chitwood]、北方根结线虫（*M. hapla* Chitwood）。

【发生规律】 主要以卵囊中的卵和卵内的幼虫在土壤中和蔬菜病残体上越冬，土壤温、湿度条件适宜时，线虫卵孵化为二龄幼虫。番茄出苗或移植后，土壤中二龄幼虫向作物根部移动，寻找新根并用口针穿刺，在根尖端和根伸长区侵入寄主植物组织，刺激取食点的细胞形成"巨型细胞"。二龄幼虫继续在巨型细胞上取食，蜕皮2次变为四龄幼虫，膨大成香肠状，在第四次蜕皮前，雄虫变为纺锤形，并在此次蜕皮后离开根进入土壤中。雌虫仍留在根内，继续发育变为梨形或柠檬形，成熟后产卵于虫体后部的胶质卵囊中。卵囊在一般情况下外露于根表皮。在一个作物生长季节中，根结线虫能完成1～3个世代，其在番茄根部进行多次再侵染，最终导致植株产生严重的根结症状。一般沙性土壤的根结线虫病要比黏性土壤的严重。

【防治方法】

（1）选用抗病品种 抗根结线虫番茄品种主要有仙客5号、仙客6号、佳红6号、浙杂301、莱红2号、金鹏8号等。另外，番茄品种与抗性砧木托鲁巴姆茄子嫁接，可大大提高番茄对根结线虫的抗病性。

（2）合理轮作 番茄宜与油菜、葱、蒜、韭菜、芝麻、蓖麻甚至万寿菊等非寄主蔬菜或耐病作物轮作2～4年，可降低土壤虫口密度，特别是与水稻、茭白、荸荠、慈姑、水芹、莲藕和芡实等水生作物轮作，收效非常明显。

（3）加强栽培管理 建立无病苗圃；改良土壤和清洁田园，可通过施用石灰、稻田土、鱼塘泥、腐熟农家肥或土壤改良剂等方法改良土壤，创造对根结线虫不利而对作物有利的土壤环境条件；科学管理水肥。

（4）植物诱虫 种植诱虫植物是大量杀灭土壤中根结线虫的好方法，即在种植茄科蔬菜之前，先种植1～2个月的菠菜、小白菜和小青菜等速生蔬菜，在线虫大量侵染植株后尚未产卵前连根拔除，可以大量地清除土壤中的根结线虫。

（5）高温闷棚 种植前将大棚密闭起来，利用太阳能产生的高温杀灭土壤中的线虫。具体方法是先在棚内撒3～5厘米厚的碎稻秸或其他作物秸秆，并均匀洒石灰水，翻耕土壤30厘米深后浇水，土面覆盖塑料薄膜（黑色薄膜效果更好），同时封严大棚，高温闷棚15天即可。露地蔬菜地也可参照此法进行消毒。此外，露地土壤翻耕后直接在阳光下暴晒也有一定的消毒效果。

（6）**药剂防治**　每公顷用0.5%阿维菌素颗粒剂45千克，或每公顷用10%噻唑磷颗粒剂22.5千克，可在蔬菜移栽时沟施、穴施或撒施，线虫较重的地块或生育期较长的蔬菜也可在生长期间增施1次0.5%阿维菌素颗粒剂。对棚室内种植的番茄，在种植前约15天可用98%棉隆微粒剂熏蒸土壤，每平方米用药量为30～45克。此外，每公顷用50%石灰氮颗粒剂75千克进行土壤消毒。

（二）虫害

温室白粉虱

【**分类地位**】温室白粉虱[*Trialeurodes vaporariorum* (Westwood)]又称温室粉虱，其成虫俗称小白蛾，属半翅目粉虱科蜡粉虱属。温室白粉虱起源于南美的巴西和墨西哥一带。温室白粉虱是多食性害虫，世界已记录的寄主植物达121科898种（含39变种）。

【**为害特点**】成虫和若虫刺吸为害，被害叶褪绿、变黄、萎蔫，甚至植株死亡。同时分泌露，引发煤污病。亦可传播病毒病。

【**形态特征**】温室白粉虱属渐变态，若虫分4个龄期，四龄末期称为伪蛹。

成虫：1～1.5毫米，淡黄色。翅膜质被白色蜡粉。头部触角7节、较短，各节之间都是由一个小瘤连接。口器刺吸式，复眼肾形，红色。翅脉简单，前翅脉一条，中部多分叉，沿翅外缘有一排小颗粒，停息时双翅在体背合拢呈屋脊状但较平展，翅端半圆状遮住整个腹部（图7-121）。

图7-121　成虫

卵：长0.22～0.24毫米，宽0.06～0.09毫米，长椭圆形，被蜡粉。初产时为淡绿色，微覆蜡粉，从顶部开始向卵柄渐变黑褐色，孵化前紫黑色，具光泽，可透见2个红色眼点。

若虫：老龄若虫椭圆形，边缘较厚，体缘有蜡丝（图7-122）。

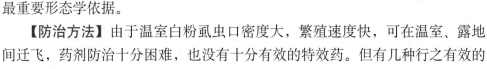

图7-122　若　虫

伪蛹（四龄若虫末期）：长0.7～0.8毫米，椭圆形，边缘较厚，体似蛋糕状，周缘有发亮的细小蜡丝，体背常有5～8对长短不齐的蜡质丝。伪蛹的特征是粉虱类昆虫分类、定种的最重要形态学依据。

【防治方法】由于温室白粉虱虫口密度大，繁殖速度快，可在温室、露地间迁飞，药剂防治十分困难，也没有十分有效的特效药。但有几种行之有效的生态防治方法。

（1）覆盖防虫网　每年5月至10月，在温室、大棚的通风口覆盖防虫网，阻挡外界白粉虱进入温室，并用药剂杀灭温室内的白粉虱，纱网密度以50目为好，比家庭用的普通窗纱网眼要小（图7-123）。

（2）黄板诱杀　常年悬挂在设施中，可以大大降低虫口密度，再辅助以药剂防治，基本可以消灭白粉虱（图7-124）。

图7-124　黄板诱杀

图7-123　覆盖防虫网

（3）**频振式杀虫灯诱杀** 种装置以电或太阳能为能源，利用害虫较强的趋光、趋波等特性，将光的波长、波段、频率设定在特定范围内，利用光、波，以及诱到的害虫本身产生的性信息引诱成虫扑灯，灯外配以频振式高压电网触杀，使害虫落入灯下的接虫袋内，达到杀虫目的（图7-125）。

（4）**释放天敌** 棚室栽培可以放养赤眼蜂（图7-126）及丽蚜小蜂防治粉虱，还可兼防蚜虫等。

图7-125　振频式杀虫灯

图7-126　赤眼蜂卵卡

（5）**药剂防治** 可用2.5%溴氰菊酯乳油2 000 ～ 3 000倍液，1.8%阿维菌素乳油2 000 ～ 3 000倍液，10%吡虫啉可湿性粉剂4 000 ～ 5 000倍液，15%哒螨灵乳油2 500 ～ 3 500倍液，20%多灭威乳油2 000 ～ 2 500倍液，4.5%高效氯氰菊酯乳油3 000 ～ 3 500倍液等药剂喷雾防治。在保护地内选用1%溴氰菊酯烟剂或2.5%杀灭菊酯烟剂，效果也很好。

烟粉虱

【分类地位】 烟粉虱[*Bemisia tabaci*（Gennadius）]属半翅目粉虱科小粉虱属。烟粉虱是一种世界性分布的害虫，除了南极洲外，在其他各大洲均有分布。烟粉虱的寄主植物范围广泛，是一种多食性害虫。

【为害特点】以成虫和若虫群集在叶背为害，可以通过直接吸食植物汁液、还可以通过分泌蜜露及传播植物病毒的方式造成间接危害（图7-127）。烟粉虱分泌的蜜露，可诱发煤污病，影响光合作用。

【形态特征】烟粉虱属渐变态，体发育分成虫、卵、若虫3个阶段，若虫分4个龄期，四龄末期称为伪蛹。

成虫：雌性与雄性个体的体长略有差异，雌虫体长约0.91毫米，雄虫体长约0.85毫米。成虫体色淡黄，翅被白色蜡粉，无斑点。触角7节，复眼黑红色，分上下两部分并有一单眼连接。前翅纵脉2条，前翅脉不分叉；后翅纵脉1条，静止时左右翅合拢呈屋脊状。跗节2爪，中垫狭长如叶片。雌虫尾部尖形，雄虫呈钳状（图7-128）。

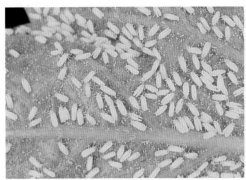

图7-127　烟粉虱群集在叶背为害

图7-128　成　虫

卵：椭圆形，约0.2毫米，顶部尖，端部有卵柄，卵柄插入叶表裂缝中，产时为白色或淡黄绿色，随着发育时间的推移颜色逐渐加深，孵化前变为深褐色。

若虫：稍短小，淡绿色至黄色，腹部平，背部微隆起体缘分泌蜡质，帮助其附着在叶片上。

伪蛹：长0.6～0.9毫米，体椭圆形，扁平，黄色或橙黄色。

温馨提示

　　烟粉虱和白粉虱成虫形态十分相似，光靠肉眼难以区分，需借助解剖镜从以下特征加以区分：烟粉虱前翅脉不分叉，静止时左右翅合拢呈屋脊状；温室白粉虱前翅脉有分叉，左右翅合拢较平坦（图7-129）。

图7-129　成虫对比（左：温室白粉虱　右：烟粉虱）

【生活史及习性】烟粉虱在热带、亚热带及相邻的温带地区，1年发生11～15代，世代重叠。在我国华南地区，1年发生15代。在温暖地区，烟粉虱一般在杂草和花卉上越冬；在寒冷地区，在温室内作物和杂草上越冬，春季末迁到蔬菜、花卉等植物上为害。一龄若虫有足和触角，一般在叶片上爬行几厘米寻找合适的取食点，在叶背面将口针插入到韧皮部取食汁液。从二龄起，足及触角退化，营固定生活。成虫具有趋光性和趋嫩性，群居于叶片背面取食，中午高温时活跃，早晨和晚上活动少，飞行范围较小，可借助风或气流作长距离迁移。烟粉虱成虫可两性生殖，也可产雄孤雌生殖。

【防治方法】参照温室白粉虱。

美洲斑潜蝇

【分类地位】美洲斑潜蝇（*Liriomyza sativae* Blanchard）是一种为害多种蔬菜和观赏植物的检疫性害虫，属双翅目潜蝇科斑潜蝇属。

【为害特点】番茄一生中均可为害，从子叶到各生长期的叶片均可受害，以幼虫潜入叶片，刮食叶肉，在叶片上留下弯弯曲曲的潜道，严重时叶片布满灰白色线状隧道（图7-130）。

【形态特征】

成虫：灰黑色小苍蝇，体积较小，长1.5～2.4毫米，翅长2毫米，头部、胸部和小盾片鲜黄色，复眼、单眼三角区为黑色，前胸背板和中胸背板中部亮黑色，足黄色，腹部每节黑黄相间。雌成虫体形略大于雄成虫（图7-131）。

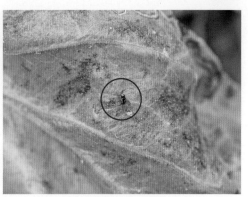

图7-130　叶片上的白色隧道　　　　　　　图7-131　成　虫

卵：椭圆形，乳白色，半透明。大小为（0.2～0.3）毫米×（0.10～0.15）毫米。

幼虫：共3龄。蛆状，初孵半透明，随虫体长大渐变为黄色至橙黄色。老熟幼虫体长约2毫米，后气门突末端3分叉，其中两个分叉较长，各具1气孔开口。

蛹：鲜黄色至橙黄色，腹面略扁平。

【生活史及生活习性】美洲斑潜蝇在北京地区全年可发生8～9代，在华南地区每年可发生15～20代，年度之间因气温差异发生的世代数可能稍有变化。该虫在温暖的南方和棚室条件下全年都能繁殖。成虫多在午前羽化，羽化当日即可交配，8：00～14：00活动频繁，取食并交配，当天产卵。美洲斑潜蝇偏喜在成熟的叶片上由下向上产卵，卵多单粒，每只雌成虫产卵达500余粒，经2～5天孵化，幼虫期3～7天，蛹经7～14天羽化为成虫。产卵高峰在羽化后3～7天。成虫寿命5～8天。成虫有趋光性，取食、产卵主要在白天，晚上多栖居于植株下部的叶片。在25℃下，卵期2.6天，幼虫期4.3天，蛹期9天。北纬39°以北地区不能在自然条件下越冬。美洲斑潜蝇是喜温性害虫，在20～30℃范围内随气温升高，繁殖加快，发生量急剧增加。空气相对湿度60%～80%对该虫发生、繁殖有利。大雨、暴雨冲刷可使成虫和蛹死亡，高温干旱天气对其发生有明显的抑制作用。

【防治方法】

（1）加强植物检疫　防止传播和扩散虫体严格把好植物检疫关，禁止从疫区调入蔬菜。

（2）黄板诱杀　用斑潜蝇的趋黄性制作黄板诱杀，诱捕成虫减少产卵，降低虫口密度。

（3）栽培管理　与斑潜蝇不嗜好的作物如苦瓜和苋菜等轮作适当稀栽，增加田间透光性；及时清除杂草，摘除病叶深埋或烧毁；深耕灌水，淹死土壤中老熟幼虫及蛹；棚膜密闭，昼夜闷棚7～10天，使土壤达到50℃以上，杀死土壤中的老熟幼虫及蛹。

（4）**药剂防治**　在幼虫防治阶段，要掌握好在初孵幼虫期用药这一关键，即把斑潜蝇消灭在为害初期。另外，在保护地，于秋季封棚初期和春季开棚前期最好用敌敌畏或顺式氰戊菊酯、高效氟氯氰菊酯等药剂对成虫进行防治，以便阻止其扩散。多数药剂对蛹的防效很差或无效；沙蚕毒素类药剂对斑潜蝇卵的孵化有明显抑制作用，所以，在成虫产卵盛期施用可杀成虫、幼虫及卵，效果很好。常用药剂有：75%灭蝇胺可湿性粉剂5 000倍液，或50%氟啶虫胺腈水分散粒剂2 000～3 000倍液、25%噻虫嗪水分散粒剂1 200倍液与2.5%高效氯氟氰菊酯水剂1 500倍液混用，或22.4%螺虫乙酯悬浮剂1 500倍液、10%吡虫啉水分散粒剂1 000倍液、48%乙基多杀霉素乳油2 000倍液喷雾防治。

茄二十八星瓢虫

【分类地位】茄二十八星瓢虫[*Henosepilachna vigintioctopunctata* (Fabricius)]，又称酸浆瓢虫。鞘翅目瓢虫科裂臀瓢虫属。

【为害特点】成虫和幼虫在叶背面剥食叶肉，形成许多独特的平行的半透明的细凹纹，严重时吃得叶片仅留叶脉（图7-132和图7-133）。被害果实表面有细凹纹，内部组织僵硬且有苦味（图7-134）。

【形态特征】

成虫：体长7～8毫米，半球形，红褐色，体表密生黄褐色细毛。两鞘翅

图7-132　成虫为害叶片

图7-133　幼虫为害叶片

上各有14个黑斑，鞘翅基部3个黑斑后方的4个黑斑几乎在一条直线上，两翅合缝处黑斑不相连（图7-135）。

图7-134　果实被害状

图7-135　成　虫

卵：长1.4毫米，纵立，鲜黄色，有纵纹。

幼虫：体长约9毫米，淡黄褐色，长椭圆状，背面隆起，各节具黑色枝刺（图7-136）。

蛹：长约6毫米，椭圆形，淡黄色，背面有稀疏细毛及黑色斑纹（图7-137）。

图7-136　幼　虫

图7-137　蛹

【生活史及习性】在长江以南发生较多，在广东年发生5代，无越冬现象，每年以5月发生数量最多，为害最重。成虫以上午10时至下午4时最为活跃。成虫、幼虫都有残食同种卵的习性。成虫假死性强，并可分泌黄色黏液。越冬代每头雌虫可产卵400粒左右。幼虫夜间孵化，共4龄，2龄后分散为害。温度25～30℃、相对湿度75%～85%的条件下最适宜各虫态生长发育。

【防治方法】

（1）人工防治　利用成虫假死习性，用盆承接，拍打植株使之坠落，人工摘除卵块。

（2）**药剂防治**　幼虫分散前施药，可用90%敌百虫晶体1 000倍液，50%杀虫环可溶性粉剂1 000倍液，20%甲氰菊酯乳油1 200倍液，10%乙氰菊酯乳油2 000倍液，2.5%溴氰菊酯乳油3 000倍液，75%硫双威可湿性粉剂1 000倍液，或30%多噻烷乳油500倍液，5%顺式氰戊菊酯乳油1 500倍液，5.7%氟氯氰菊酯乳油2 500倍液等药剂喷雾，隔7 ～ 10天喷1次，共喷2 ～ 3次。

马铃薯瓢虫

【分类地位】马铃薯瓢虫[*Henosepilachna vigintioctomaculata*（Motschulsky）]又名二十八星瓢虫，属鞘翅目瓢虫科裂臀瓢虫属。

【为害特点】成虫和幼虫取食叶片，残留表皮形成许多平行的食痕，常导致叶片枯焦（图7-138）。

【形态特征】

成虫：体长约7毫米，红褐色，体密被黄灰色细毛；前胸背板前缘凹陷，前缘角突出，中央有一较大的剑状斑纹，两侧各有两个黑色小斑，有时愈合；两鞘翅上各有14个黑斑，基部3个，其后方的4个不在一直线上，两侧各有2个黑色小斑（有时合并成1个）（图7-139）。

图7-138　叶片被害状

图7-139　成　虫

卵：纺锤形，炮弹状，长13 ～ 15毫米，底部膨大，初产时鲜黄色，后变为黄褐色，有纵纹。通常20 ～ 30粒排列于叶背，卵粒之间有明显的间隙（图7-140）。

幼虫：末龄幼虫体长9 ～ 10毫米，宽约3毫米，纺锤形，体黄褐色或黄色，体背各节有黑色枝刺，枝刺基部具淡黑色环状纹。前胸及腹部第八、九节各有枝状突4个，其他各节每节具有6个，整体形态如苍耳果实（图7-141）。

图7-140 卵

图7-141 幼虫

蛹：长6～8毫米，裸蛹，椭圆形，淡黄色，背面隆起，腹面扁平，体表被有稀疏细毛，羽化前可出现成虫的黑色斑纹，尾端包被着幼虫末次蜕的皮壳（图7-142）。

图7-142 蛹

温馨提示

　　马铃薯瓢虫和茄二十八星瓢虫同属于鞘翅目瓢虫科裂臀瓢虫属，其食性相同、形态相似，成虫鞘翅上都有28个斑。但可从以下几个方面加以区别：①马铃薯瓢虫两鞘翅上基部的3个黑斑后方的4个不在一直线上；茄二十八星瓢虫鞘翅基部3个黑斑后方的4个黑斑几乎在一条直线上。②鞘翅上的凹陷内毛的着生位置不同，马铃薯瓢虫的毛着生于凹陷的中心，而茄二十八星瓢虫的毛着生于凹陷边缘；凹陷深浅不同，马铃薯瓢虫的凹陷较深，茄二十八星瓢虫的凹陷较浅（图7-143）。

图7-143　成虫对比（左：马铃薯瓢虫；右：茄二十八星瓢虫）

【发生规律】马铃薯瓢虫在我国北方地区如东北、华北等地每年发生2代，少数只发生1代，江苏发生3代。马铃薯瓢虫发生世代不整齐，成虫生命力极强（可生活250天左右），并且世代重叠严重，防治难度大。以成虫在背风向阳、较为温暖、湿度适中的各种缝隙或隐蔽处群集越冬，石缝、墙缝、屋檐、篱笆下、树洞、杂草、灌木根际也都是良好的越冬场所。大部分越冬代成虫9月中旬开始向越冬场所迁移，9月下旬为转移盛期，到10月上旬基本结束。成虫越冬前飞向背风向阳的树木及杂草丛生处，钻入土里或各隐蔽缝隙内，不食不动，进入越冬状态。选择在土中越冬的个体多集中在背风向阳处，潜土深度多为3～7厘米。成虫有明显的假死性，受惊扰时常假死坠地，并分泌有特殊臭味的黄色液体，用于自身防卫。成虫有自残习性，平时可见到成虫取食卵块和幼虫。

【防治方法】应抓住越冬成虫盛发期和一代幼虫一至二龄聚集期进行化学防治，才能有效控制虫源，防止其大发生。

（1）合理轮作　实行与非茄科蔬菜或大豆、玉米、小麦等作物轮作倒茬，恶化其生活环境，中断其食物链，达到逐步降低害虫种群数量的目的。

（2）人工捕捉　利用成虫的假死性拍打植株，用脸盆接住并集中杀灭，可减少成虫数量；根据卵块颜色鲜艳、容易发现的特点，结合农事活动，人工摘除卵块，可减少卵块数量，减轻虫害。

（3）清洁田园　马铃薯收获后及时处理残株和田间地头的枯枝、杂草，可以消灭大量残留的瓢虫，降低虫源基数。

（4）**生物防治**　可使用苏云金芽孢杆菌、白僵菌、绿僵菌等生物制剂。首先选用苏云金芽孢杆菌7126防治。7126菌剂原粉含孢子100亿个/克，在马铃薯瓢虫大发生之前喷洒到番茄有露水的植株上，每667米^{2}用10克，防效可达37.5%～100%。另外，夏季多雨时成虫常被白僵菌寄生，幼虫死亡率很高，可极大程度地减轻为害。捕食性天敌有草蛉、胡蜂、小蜂、蜘蛛等，可减少虫源数量，但利用天敌时应注意农药的合理使用。

（5）**灯光诱杀**　利用马铃薯瓢虫的趋光性，设置黑光灯诱杀。

（6）**药剂防治**　加强监测预报。在成虫盛发至幼虫孵化盛期进行化学药剂防治，同时要注意对田间地边其他寄主植物上马铃薯瓢虫的防治，把成虫和幼虫消灭在分散为害前。可采用的药剂有1.8%阿维菌素乳油1 000倍液、2.5%高效氯氟氰菊酯乳油3 000倍液、40%辛硫磷乳油1 000倍液、50%敌敌畏乳油1 000倍液等喷雾防治。

侧多食跗线螨

【**分类地位**】侧多食跗线螨[*Polyphagotarsonemus latus*（Bank）；异名：*Hemitarsonemus latus*]又名茶跗线螨、茶黄螨、茶黄蜘蛛，属蜱螨目跗线螨科。

【**为害特点**】以成螨和幼螨刺吸嫩叶、嫩茎、花蕾、幼果等幼嫩部位。嫩叶受害后变小，叶片增厚僵直，背面呈灰褐或黄褐色，具油质光泽或油渍状，叶片边缘向背面卷曲（图7-144）；受害嫩茎表面变褐色，严重的扭曲畸形，植株顶部干枯；受害的花蕾不能开花或开畸形花；果实受害主要发生在雌花脱落后的幼果顶部、果柄、萼片，果皮呈灰白色或黄褐色，果面粗糙，失去光泽，木栓化。严重的果皮龟裂，种子外露，叶呈开花馒头状，味苦而涩，失去食用价值。

图7-144　叶片被害状

温馨提示

由于螨体极小，肉眼难以观察识别，上述特征常被误认为生理病害或病毒病害。植物病毒病与植物生长调节剂药害表现的症状是叶片萎缩，呈鸡爪形，有细胞聚集的厚重感，但不僵脆和发亮。果实上有坏死斑，没有木质化、果实不开裂。茎部和叶柄也不出现木质化现象。

【形态特征】

成螨：雌螨阔卵形，长为0.17～0.25毫米，宽为0.11～0.16毫米，淡黄而略透明。后体背中纵列乳白色条斑，产卵前变窄甚至消失；足4对，第二至三对足爪退化，爪垫发达；第四对足纤细，跗末端毛长而明显。雄成螨近菱形，长为0.16～0.19毫米，宽为0.10～0.12毫米，淡黄色，略透明；第三对足特长，第四对足较大，胫跗节细长，末端亦有一鞭状长毛（图7-145）。

图7-145 成螨

卵：椭圆形，长约0.1毫米，卵壳上有纵列白色小圆瘤6行，每行6～8个。

幼螨：初孵幼螨椭圆形，乳白色半透明，足3对。取食后变为淡绿色，后期体呈菱形。

若螨：长椭圆形，体形与成螨接近，背部有云状花斑，有足4对。

【生活史及习性】该虫1年可发生25～31代。在热带及温室条件下，全年都可发生。在北京、天津及其以北地区的冬季，该螨不能在露地越冬，主要螨源来自保护地。在长江流域以雌成螨在冬作物和杂草根部越冬；另一部分在保护地繁殖越冬。在长江以南可在茶树叶芽鳞片内、旱莲草头状花序中、禾本科杂草叶鞘内以及辣椒僵果萼片下和皱褶中越冬。在冬季温暖地带可在露地周年繁殖，没有越冬现象。多食跗线螨主要营两性生殖，也可营孤雌生殖。两性生殖的后代有雌螨和雄螨；孤雌生殖的后代全部为雄性，但未受精卵孵化率较低。温暖、高湿的环境条件，有利于其发生。雌成螨一生平均可产卵200粒，最高500粒，繁殖能力强，后代存活率高。

【防治方法】

（1）加强田间管理　及时铲除棚室四周及棚室内的杂草，并用杀螨剂处理温室后坡保温材料。收获后及时清理枯枝落叶，集中烧毁，深翻耕地，以压低虫源基数。不施未经充分腐熟的作物秸秆等有机肥，避免人为带入虫源。

（2）释放天敌　胡瓜新小绥螨的雌成螨对侧多食跗线螨卵、幼螨、若螨和雌成螨各虫态均有良好的捕食能力。由于该种捕食螨已实现了商品化生产，在露地茄子栽培中适时释放效果较好，每10米2释放600～900头。注意保护自然天敌，应使用选择性强、对天敌杀害小的药剂，在田间施药时采用局部施药。

（3）药剂防治　首选生物和矿物源农药，如10%浏阳霉素乳油500倍液、1.8%阿维菌素乳油3 000倍液、2.5%羊金花生物碱水剂500倍液、45%硫黄悬浮剂300倍液、99%机油乳剂200～300倍液。其次选择高效低毒化学农药，如5%噻螨酮乳油1 500～2 000倍液、20%双甲脒乳油1 000～2 000倍液、73%炔螨特乳油2 000倍液、25%苯丁锡可湿性粉剂1 000～1 500倍液、25%三唑锡可湿性粉剂1 000～1 500倍液。其中，双甲脒对各螨态都有效；炔螨特和苯丁锡防治幼、若螨和成螨效果好，对卵效果较差；噻螨酮防治卵和幼、若螨效果好；三唑锡对若螨、成螨、夏卵有效，对越冬卵无效。喷雾时要重点覆盖植株上部，尤其是嫩叶背面、嫩茎、花器和幼果，避免向成熟果上喷药。

棉铃虫

【分类地位】棉铃虫 [*Helicoverpa armigera*（Hübner）] 属鳞翅目夜蛾科，是多食性昆虫，我国记载的寄主植物有30余科200多种。

【为害特点】以幼虫蛀食蕾、花、果，也为害嫩茎、叶和芽。幼果常被吃空或引起腐烂而脱落，蛀孔便于雨水、病菌流入引起腐烂（图7-146至图7-152）。

【形态特征】

成虫：体长约15毫米，翅展27～38毫米，雄虫翅灰绿色，雌虫略带红褐色或棕红色。前翅外缘较直，中横线由肾形斑向内斜伸，末端到达环形斑的正下方；外横线的末端可达肾形斑中部的正下方；亚缘线的锯齿较均匀，到外缘的距离基本一致。后翅灰白色，翅脉褐色，沿外缘有褐色宽带，宽带内有近似新月形灰白色斑（图7-153）。

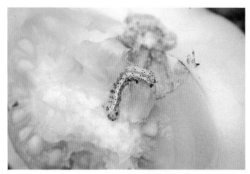

图7-146　幼虫蛀食果实(1)

图7-147　幼虫蛀食果实(2)

图7-148　果实被害(1)

图7-149　果实被害（2）

图7-150　茎部被害

图7-151　叶片被害

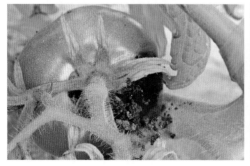

图7-152　果实腐烂

图7-153　成　虫

卵：近半球形，长约0.5毫米，初产乳白色或翠绿色，逐渐变黄色，近孵化变为红褐色或紫褐色，顶部黑色（图7-154）。

图7-154　卵

幼虫：老熟幼虫体长30～42毫米，头部黄色，具不明显的网状斑纹。体色变化很大，由淡绿至淡红至红褐乃至黑紫色。体表满布褐色及灰色小刺，背面有尖塔形小刺，腹面的毛状小刺呈黑褐色至黑色，十分明显（图7-155）。

图7-155　幼　虫

蛹：长17～21毫米，纺锤形，黄褐色（图7-156）。

【生活史及习性】棉铃虫在我国各地的发生代数由北向南递增。在辽河流域、新疆、甘肃、河北北部等地年发生3代，黄河流域和长江流域北部4代，长江流域和部分华南地区5代，华南地区南部6代，云南南部7代。成虫交配和产卵多在夜间进行，卵散产于番茄的嫩梢、嫩叶、

图7-156　蛹

茎上，每头雌虫产卵 100 ~ 200 粒。棉铃虫喜温喜湿，幼虫发育以 25 ~ 28℃和相对湿度 75% ~ 90% 最为适宜。

【防治方法】

（1）人工防治　在棉铃虫产卵盛期，结合整枝，摘除虫卵烧毁。幼虫蛀入果内，喷药无效，可用泥封堵蛀孔。

（2）应用微生物农药　棉铃虫卵始盛期，每 667 米^{2}用 10 亿多角体 PIB / 克棉铃虫核型多角体病毒（NPV）可湿性粉剂 80 ~ 100 克对水后喷雾。

（3）药剂防治　在第一穗果长到鸡蛋大时开始用药，可用 2.5% 功夫乳油 5 000 倍液，或 20% 多灭威 2 000 ~ 2 500 倍液，或 4.5% 高效氯氰菊酯 3 000 ~ 3 500 倍液，40% 菊·杀乳油 3 000 倍液，5% 氟虫脲乳油 2 000 倍液，5% 伏虫隆乳油 4 000 倍液，5% 氟铃脲乳油 2 000 倍液，20% 除虫脲胶悬剂 500 倍液，50% 辛硫磷乳油 1 000 倍液，20% 多灭威 2 000 ~ 2 500 倍液等冬季喷雾。每周 1 次，连续防治 3 ~ 4 次。

烟青虫

【分类地位】烟青虫（*Heliothis assulta* Guenée）属鳞翅目夜蛾科。

【为害特点】主要通过蛀食为害花蕾、花朵和果实，造成落蕾、落果和烂果，降低坐果率，也为害嫩茎、叶和芽，为害状与棉铃虫相似。

【形态特征】

成虫：体长约 15 毫米，翅展 24 ~ 33 毫米，雄蛾灰黄绿色，雌蛾体背及前翅棕黄色，前翅沿外缘有褐色宽带，宽带内侧中部有一与其平行的短黑纹。

卵：扁圆形，高 0.4 ~ 0.5 毫米，中部有 23 ~ 26 条纵脊，纵脊不分叉，不达底部。纵脊间有横道 13 ~ 16 根。

幼虫：老熟时体长 31 ~ 41 毫米。体色多变化，有青绿色、黄绿色、黄褐色等色型。前胸气门前 2 毛基部连线的延长线远离气门下缘。体表密生短而粗的小刺，腹面毛状小刺色浅，不甚明显（图 7-157）。

蛹：长 17 ~ 21 毫米，纺锤形，黄褐色。腹部第五至七节前缘密生小刻点，末端 2 根小刺的基部接近（图 7-158）。

【生活史及习性】烟青虫在我国各地的年发生代数从北向南逐渐增加。东北地区每年发生 2 代，河北 2 ~ 3 代，黄淮地区 3 ~ 4 代，陕西宝鸡地区年发生 4 代，湖北、安徽、浙江、上海、四川、云南、贵州等地 4 ~ 6 代。各地均以蛹在距土表 10 厘米左右的土中越冬。烟青虫生活习性与棉铃虫相似。

图7-157 幼 虫

图7-158 蛹

【防治方法】参照棉铃虫。

蚜虫

【分类地位】蚜虫又称腻虫或蜜虫，为害番茄的主要是桃蚜和棉蚜。

【为害特点】蚜虫以成虫或若虫群聚在蔬菜的叶背、嫩叶、幼茎、花苞及近地面叶上。吸取汁液和养分，同时分泌蜜露，影响光合作用，致使叶片卷曲、发黄、嫩叶皱褶畸形，植株生长发育迟缓甚至停滞。此外，蚜虫还能传播病毒（图7-159和图7-160）。

图7-159 桃蚜为害番茄嫩叶

图7-160 棉蚜为害番茄嫩叶

【形态特征】

（1）桃蚜　有翅雌蚜体长2毫米。头部胸部黑色，腹部淡暗绿色，复眼赤褐色，背面有明显暗色横纹，腹管绿色很长，末端有明显缢缩；无翅胎生雌蚜，体绿色，腹管绿色，很长，是尾片的2～3倍，有3对侧毛。卵大多为椭圆形、黑色（图7-161和图7-162）。

图7-161　桃蚜有翅成蚜

图7-162　桃蚜无翅胎生雌蚜及若蚜

（2）棉蚜　有翅雌蚜体长1.2～1.9毫米，黄色至深绿色，头部胸部黑色；无翅雌蚜，体长1.5～1.9毫米，体色多变，有黄绿色、黄褐色等。腹管黑色，较短，呈圆筒形。卵大多为椭圆形、黑色（图7-163）。

图7-163　棉　蚜

【生活史及习性】蚜虫一年发生10余代至30～40代不等，世代重叠，繁殖极快。有翅蚜比无翅蚜繁殖力差，但能迁飞。桃蚜终年以孤雌方式繁衍，最适发育温度为24℃，相对湿度为40%～80%。长江流域春季两种蚜虫的有翅蚜在4月中下旬大量迁入露地栽培的番茄地，此时正是温湿度适宜病毒病发生的时机，故5月下旬开始发病，如果6月上旬高温干旱，病情即迅速发展。秋季栽培的番茄，蚜虫在8月上中旬迁飞到来，9月遇高温干旱，在9月下旬和10月上旬番茄条斑型病毒病将流行。

【防治方法】

（1）**加强栽培管理**　避免连作；及时清除田间杂草、杂物，摘除被害叶片并深埋。多用腐熟的农家肥，尽量少用化肥。韭菜挥发的气味有驱避作用，如将其与其他蔬菜搭配种植，可降低蚜虫密度，减轻蚜虫危害。

（2）**物理防治**　可用白色和银灰色膜覆盖栽培；利用蚜虫的趋黄性，使用黄色粘虫板诱杀成虫。用防虫网进行覆盖栽培。

（3）**生物防治**　利用人工饲养或助迁瓢虫或草蛉，释放到田间，能有效抑制田间蚜虫数量。

（4）**药剂防治**　选用2.5%敌杀死乳油2 000～4 000倍液或25%天王星乳油3 000倍液、20%氯氰菊酯乳油2 500～3 000倍液、10%吡虫啉可湿性粉剂3 000倍液喷雾。每隔7天喷一次，连喷3～4次。上述药剂交替使用，避免产生抗药性。保护地也可以用22%敌敌畏烟剂每667米^{2}0.5千克。

（三）常见生理病害

生理病害为非侵染性病害，是由于环境因素不合适，使蔬菜植物的正常代谢受到破坏而造成的生理障碍。有单一环境因素造成的生理障碍，也有两个或多个环境因素综合造成的生理障碍。给番茄病害诊断时，首先要做出是否是生理性病害的判断。就一般情况而言，非侵染的生理性病害的发生具有如下特点：一是看有无病征，一般侵染性病害有病征，即在病部或邻近病部有霉状物、粉状物、颗粒状物、菌脓等，而非侵染性病害没有病征。

二是从发病范围来看，侵染性病害有明显的发病中心，有从发病中心向周围扩散蔓延的明显迹象，而非侵染性病害无明显的发病中心，一般为大面积普遍发生。番茄最典型的生理性病害有如下几种：

药害

（1）**番茄灵药害**　使用番茄灵的方法是用喷花或蘸花的方法局部处理花序，促进坐果，有菜农图省事，全株喷洒，造成植株生长受到抑制，整个温室番茄叶片表现畸形，常被误诊为病毒病（图7-164）。

（2）**膨大素药害**　膨大素含多种植物营养生长剂和生理促长剂，能加快番茄果实的发育和膨大，从而使番茄果实大，色佳，口感好。但有的菜农使用浓度过高，或在高温下使用，就会出现药害，表现为从番茄很小的时果面就开始有细碎裂纹，笔者称之为"冰纹果"（图7-165），严重影响商品品质，重者会导致果实畸形。

图7-165　冰纹果

图7-164　叶片畸形

畸形果

（1）**扁圆果、椭圆果、偏心果和多心果**　扁圆果即果实如柿饼；椭圆果的果实纵切面为椭圆形；偏心果的脐部不在果实顶面的中心（图7-166）；而多心果则表现为心室数量多，果面有多个脐部（图7-167）。引发这类畸形果的直接原因是在番茄花芽分化及花芽发育过程中，育苗营养土中化肥尤其是氮肥过多，造成土壤中速效养分含量过高，根系吸收的大量养分积累在生长点处，肥水过于充足，超过了花芽正常分化与发育需要量，致使花器畸形，番茄花朵子房的心室数量增多，且生长又不整齐，从而产生上述畸形果。如遇低温会加重病情。

图7-166　偏心果

图7-167　多心果

（2）指突果、乳突果　从果实的一侧分出一个突起，像小拇指从攥紧的拳头中伸出，故而得名（图7-168）。如果突起发生在果实顶部，则称作乳突果（图7-169）。这是在子房发育初期，由于营养物质分配失去平衡，而促使正常心皮分化出独立的心皮原基而产生的。

图7-168　指突果

图7-169　乳突果

（3）豆形果　果实扁长而弯曲，状如菜豆的荚果。这类果实的成因是由于环境条件差，水肥不足，但本来要落掉的花虽经蘸花处理后，抑制了离层形成，勉强坐住了果，但因得到的光合产物少，发育缓慢甚至停止生长，就形成了豆形果（图7-170）。

（4）石榴果、乱形果、莲花果　这类畸形果的形态有一个渐进变化的过程，最轻的状如开口的石榴，称为石榴果（图7-171）。严重一点的，国内称作"乱形果"（图7-172），国外则称为猫脸果。最严重时，果实分瓣，状如莲花，有多个"小头"挤出果实顶端，果实心室数目多，称作莲花果（图7-173），也有人称多头果。这是由于育苗期间温度过低，幼苗长期在低于6℃的气温下生

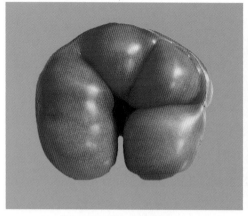

图 7-170　豆形果

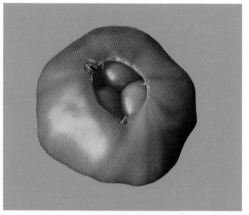

图 7-171　石榴果

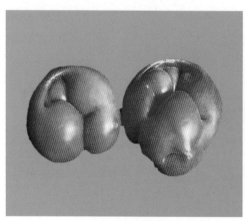

图 7-172　乱形果

图 7-173　莲花果

长，心室分化异常，形成心室数量过多而导致的（参见多心果）。另外，施用氮、磷肥过量或缺钙、缺硼时会促进这类畸形果的形成。此病多发生在早春温室大棚中。

（5）菊花果　果实表面呈条状皱缩，似未开放的菊花。这是由于大剂量使用保花保果类植物生长调节剂喷花导致的药害症状。如果是樱桃番茄，这类畸形果通常要比正常果实大很多。此病只有设施番茄的少数果实显症，危害不大，但却能提醒种植者注意用药方式（图 7-174）。

（6）空心果　果腔内的果肉少，果皮塌陷。病因复杂，设施番茄的空心果发生原因主要是由于环境温度过低，即便使用了喷花药剂，虽然果实坐住，但根系吸收能力差，营养供应不足，导致果实不能正常发育，不能充实膨大，形成大量的空心果（图 7-175）。

图7-174 菊花果

图7-175 空心果

裂果

（1）顶裂果 从幼果期开始，果实脐部及其周围果皮就开裂（图7-176），有时胎座组织及种子随果皮外翻、裸露，严重时失去食用价值（图7-177）。主要是由于施用氮、钾肥过多阻碍植株对钙元素的吸收，致使雌蕊柱头开裂造成的，夜温低、土壤干旱会加重病情。柱头受到机械损伤也形成顶裂果。

图7-176 幼果期顶裂果

图7-177 发育后期顶裂果

主要防治措施：①施足有机肥，避免过量施用氨态氮肥和钾肥。②培养壮苗，育苗期间，夜间最低温度不能低于8℃，春季露地栽培时，不可定植过早。③科学浇水，避免土壤干旱。④补充钙肥，每667米²施用石灰50～70千克。作为应急措施，可叶面喷施0.5%的氯化钙溶液，也可喷施绿芬威3号等含钙复合微肥。

（2）纹裂果 主要包括放射状、同心圆状、混合状纹裂果及细碎纹裂果4

图7-178 放射状纹裂果

图7-179 同心圆状纹裂果

种。放射状纹裂果表现为以果蒂为中心，向果肩部延伸，呈放射状开裂，裂纹4道左右，一般始于果实绿熟期，转色后裂纹明显加深、加宽（图7-178）。放射状纹裂果的发生与品种特性有关，多在露地发生，主要是由于高温、强光、干旱等因素导致果蒂附近的果面产生木栓层，果实糖分浓度增高，当久旱后降雨和突然大量浇水，使果肉迅速膨大，膨压增高，将果皮胀裂。

同心圆状纹裂果是以果蒂为圆心，在附近果面上发生同心圆状断断续续的微细裂纹，严重时呈环状开裂，多在果实成熟前出现（图7-179）。同心圆状纹裂果是由于果皮老化，植株吸水后，果肉膨大，果皮的膨大速度不能与果肉的膨大速度相适应，果肉会将果皮涨破形成同心轮纹。

混合状纹裂果是指放射状纹裂和同心圆状纹裂同时出现，或开裂不规则的果实（图7-180）。混合状纹裂果的发生是上述原因的一种或多种共同作用造成的。另外，正常的接近成熟的果实，遇到大雨或浇大水后，果肉水分变化过于剧烈，也会开裂，形成混合状纹裂果。

细碎纹裂果果面出现密集的细小木栓化纹裂，通常以果蒂为圆心，也呈同心圆状排列，但裂纹细小，数量众多，也有的纹裂呈不规则形，随机排列（图7-181）。细碎纹裂果是由于果面有露水，或供水不均，果面潮湿，老化的果皮木栓层吸水涨裂，形成细小的纹裂。

防治方法：①要选择抗裂性强的品种。一般果形大而圆、果实木栓层厚的品种，比中小株型、高桩型果、木栓层薄的品种更易产生裂果。②要加强水肥管理。增施有机肥，使根系生长良好，缓冲土壤水分的剧烈变化；合理浇水，避免土壤忽干忽湿，特别应防止久旱后浇水过多；温室通风口应避免落进雨水；秋延后番茄在温度急剧下降时，更要避免湿度变化过快；及时补充钙肥和

图7-180　混合状纹裂果

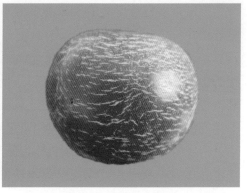

图7-181　细碎纹裂果

硼肥，氮肥、钾肥不可过多。③要注意环境调控，避免阳光直射果肩。在选留花序和整枝绑蔓时，要把花序安排在支架的内侧，靠自身的叶片遮光；摘心时要在最后一个果穗的上面留二片叶，为果穗遮光；设施栽培时要及时通风，降低空气湿度，缩短果面结露时间。④可喷洒植物生长调节剂，如喷施85%比久（B9）水剂，浓度为2 000 ~ 3 000毫克/升，增强植株抗裂性。

（3）拉链果　果实发育初期，在果实一侧，从果蒂部至果顶部有一条细的、褐色的木栓化拉链状的长线，宽度不一（图7-182）。严重时，拉链状长线上产生小洞状裂口（图7-183），再严重胎座外翻，露出种子，又称开窗果（图7-184）。在果实很小的时候就能分辨出拉链果。这种裂果主要在低温条件下发生，高温季节偶有发生。

图7-182　典型的拉链果

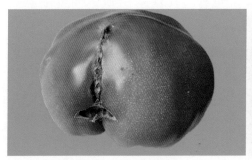

图7-183　轻度拉链果

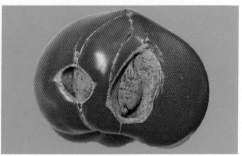

图7-184　重度拉链果（开窗果）

拉链果多发生于冬季和早春的温室中。由于在花芽分化和发育过程中，幼苗遭遇5～7℃低温，引发低温障碍，雄蕊不能从子房上分离出来，开花时雄蕊靠在子房上，开花后子房开始膨大时把雄蕊嵌在里面，在果实侧面上形成纵向的弥合线，不能弥合之处便开裂。低温特别是夜温偏低的同时，如果多施氮肥，浇水过量，植株缺钙，则拉链果数量会增多。

高温季节发生的拉链果则是由于苗期高温、幼苗过密、缺乏营养、花芽发育不良造成的。也有人认为是因为钙、硼等元素不足。另据观察，在使用生长调节剂喷花促进坐果时，如果误喷到植株生长点上，则叶片变细，易发生拉链果。

防治方法：低温季节育苗，白天需要保持在20℃以上，夜间10℃以上；控制育苗期间氮肥用量和浇水量。高温季节育苗，幼苗生长快，常拥挤不堪，导致光合生产量低，花芽形成受阻。因此，应扩大幼苗营养面积，增加幼苗受光面积。定植后用生长调节剂喷花时药液要避开生长点。

土壤盐渍化障碍

栽培过程中大量施用化肥，使得施肥量往往大于番茄的需要量，而且番茄对化肥阴阳离子存在不均衡吸收的特性，就使土壤积累大量盐分，产生土壤盐渍化，从而使土壤溶液浓度提高，酸碱度发生变化，对番茄产生危害。

在这样的土壤中，受害的首先是番茄的根系，地上部的各种异常也都是由于根系受害引发的。由于受害程度不同，地上部的症状各异，一般表现为叶片缺乏活力，严重时中午呈现萎蔫，晚上又恢复，这是根部吸水受阻的结果，应与某些根茎病害相区别。发病较轻时，受害植株的叶色变得异常浓绿，且呈闪闪发光状，这是营养过剩造成的。再严重些，植株下部的叶片就会出现不同程度的黄化，尤其是叶脉之间的叶肉部分更为明显，该症状与缺镁症状十分类似，注意不要误诊（图7-185）。再严重，植株中、下部叶片普遍且均匀地黄化（图7-186）。果实大多膨大不

图7-185　叶脉间叶肉黄化

良，着色不好，果实靠近萼片的位置始终为深绿色，呈"绿肩果"症状（图7-187）。根系变为褐色，根尖齐钝。有时植株生长不整齐，表现七高八低。茎变细，植株从正常的三角形变成了顶部平齐的梯形。番茄植株细弱，叶片变小，节间明显变长。

还可观察土壤表面。没有发生积盐的土壤渗水比较快，发生积盐后，水的下渗困难。土壤一干燥，地表就变成白色，出现白色结晶，表明土壤含盐量已比较高，土壤溶液浓度至少达到5 000毫克／升以上。如果土壤表面出现绿苔，表明此处盐分浓度已很高（图7-188）。如果发现土壤表面变为铁锈一样的暗红紫色，渗水困难，表明盐分浓度已相当高（图7-189）。

图7-186　植株下部叶片黄化

图7-187　绿肩果

图7-188　渗水性差，土壤盐分多，易生绿苔

图7-189　严重的土壤盐渍化症状

氮肥过量

施用铵态氮肥过多，同时又遇到低温或土壤经过消毒处理等情况，由于硝化细菌和亚硝化细菌的活动受到抑制，使铵态氮大量积累于土壤中，引起铵态

图 7-190　植株徒长

氮过剩。而且，很多菜农不注重施用钾肥，缺钾会加重氮过剩的危害。

氮肥过量会引发茎叶生长旺盛，但结果少，表现出徒长症状（图 7-190）。叶片，尤其是植株顶端幼嫩叶片会出现卷曲，这是由于顶端幼叶中的生长素含量增加，促使叶面加速生长造成的。大叶片也会扭曲，甚至反转（图 7-191）。茎上出现灰白色至褐色斑块，这是因为根吸收了过多的铵态氮之后会引起氨害，组织和细胞受到损伤并在茎上出现斑点。果实变色受阻，果实上出现始终不变红的白斑（图 7-192）。

图 7-191　叶片扭曲

图 7-192　果实上具白斑

预防氮肥过量，应严格控制铵态氮肥和尿素的用量，多施腐熟的有机肥和各种黄腐酸、氨基酸冲施肥、生物菌肥。在地温较高的条件下，如发现氮肥过剩，可通过加大浇水量加以缓解。

胀裂果

在番茄果实膨大和转色时期，要注意水分供应的均衡，要均匀供水，不能忽干忽湿，如果长期干旱，突然浇大水，果实在短期内大量吸收水分，迅速膨胀，且果肉和内层果皮膨胀速度远大于外果皮的膨胀速度，就会导致果实开裂，这种裂果集中发生，裂果后容易感染病菌，迅速腐烂，失去商

品价值（图7-193和图7-194）。诊断时要注意与纵裂果、放射状纹裂果相区别。对于露地栽培的番茄，在雨季来临之前，要小水勤浇，保证土壤湿润，以免一旦天降大雨，出现大量胀裂果。

图7-193　轻度胀裂果

图7-194　重度胀裂果

缺素症

（1）缺钙　番茄植株缺钙有多种症状表现，最主要的是脐腐病，番茄脐腐病多发生于番茄幼果的脐部，即花器残余部分及其附近组织，故称脐腐病。幼果膨大期（果实长至核桃大时）为主要发病期，尤以见不到阳光的第一、二穗果实较多，同一花序的果实几乎同时发病；果实发病初期，脐部出现

水渍状病斑，后逐渐扩大到直径为1～2厘米，果实顶部凹陷、变褐；严重时病斑可达半个果面，病部黑色，呈显著扁平状。干燥时病斑为革质，潮湿条件下病斑表面寄生了各种腐生真菌，并产生黑色、白色或粉红色的霉状物。病株生长缓慢，叶片褪绿，结果量少，或所结果实发育不良、表面缺少光泽，果实发硬且提早变红（图7-195）。

图7-195　番茄脐腐病果实症状

　　而叶片的症状比较少，其中一种叶片症状是金边叶，这一症状与缺钾的症状十分相似，很难区分。表现为叶片边缘呈整齐的镶金边状，黄色部分的叶肉组织一般不坏死（图7-196）。后期叶缘呈不规则状坏死，因此也有人称之为"枯边叶"（图7-197）。

图7-196　初期金边叶　　　　　　　　　　图7-197　叶缘坏死

　　诱发缺钙的因素很多，例如，土壤干旱、蹲苗阶段过度控水、土壤溶液浓度增高，导致植株对钙的吸收受阻；土壤酸性强或多年不施钙肥；大量施用化肥，土壤中氮、镁、钾含量过高，会抑制植株对钙的吸收；缺硼，植株对硼的吸收受阻会诱发缺钙。另外，土壤中使用化肥太多，土壤含盐量高，也会出现这种症状。

　　防治方法：①因土壤干旱引发缺钙时，只要浇水，降低土壤浓度，以后长出的新叶就正常了。②冬季低地温抑制了根系对钙的正常吸收时，也会出现缺钙症状，只要天气恢复正常，温度升高，症状会自然消失，但已经出现的金边不会消失。③在沙性较大或酸性土壤上施用石灰改良土壤时，用量不可过大，防止土壤碱性过强。④对于缺硼引起的金边叶，可叶面喷施硼酸或硼砂等硼肥。

　　（2）缺磷　石灰质土壤；总磷量供应过少，施氮过量，缺镁或缺水分；低温会严重影响磷的吸收，导致缺磷。缺磷的症状常首先出现在老叶，从较老叶片开始向上扩展，从外形上看，生长延缓，植株矮小，叶小并逐渐失去光泽；果实小，成熟晚，产量低；因体内碳水化合物代谢受阻，有糖分积累而形成花青素（糖苷），导致叶脉呈现典型的紫红色，严重时叶片、茎也呈紫红色（图7-198至图7-200）。低温时、生育初期发生缺磷的可能性大。

　　防治方法：①定植前施足磷肥，磷肥应和有机肥混合使用，并注意适当深施。②出现症状后，喷0.2%的磷酸二氢钾溶液或0.5%的过磷酸钙浸泡液。

图7-198　初期叶脉变紫

图7-199　叶脉严重变紫

图7-200　严重时叶片呈紫色

（3）缺钾　生长初期，缺钾症状先由叶缘开始，叶缘失绿并干枯，严重的叶脉间的叶肉失绿（图7-201）。在果实膨大期，果穗附近的叶片最容易表现缺钾症状，先表现为叶缘失绿，然后出现小的枯斑，然后干枯，似烧焦状。

图7-201　枯边叶

温馨提示

　　缺钾与缺钙在叶片症状上的区别是开始出现的枯斑略小，且颜色较淡（图7-202）。缺钾植株所结的果实着色不良（图7-203），如果在缺钾的同时氮素过多，还容易出现绿肩果。如果温度水分不适宜，还会引发筋腐果。

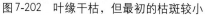

图7-202　叶缘干枯，但最初的枯斑较小

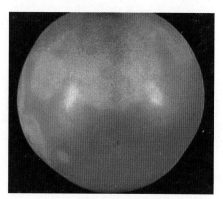

图7-203　果实着色不良

　　土壤缺钾现象容易发生在沙土和多年连作的设施土壤上。在有的沙土上虽然速效钾含量水平并不低，生育前期并不表现缺钾现象，但是，由于土壤速效钾储量不足，在需钾量较大的果实膨大期容易出现缺钾症。此外，多年连作土壤的缺钾，往往是由于忽视了钾肥的施用。番茄出现缺钾症的另一种原因是在土壤铵态氮积累的条件下，由于铵离子与钾离子的拮抗作用，影响了番茄根系对钾离子的吸收而使番茄缺钾。这种缺钾现象多发生在一次性追施铵态氮肥料和尿素量较大的情况下，干旱和高温能使缺钾症状加重。番茄是需钾量较大的蔬菜，应保证钾肥的用量不低于氮肥用量的1/2。

　　（4）缺镁　主要表现为植株下部叶片叶脉间叶肉黄化，呈网状脉，严重时叶片黄化（图7-204和图7-205）。

　　缺镁的原因之一是拮抗作用。在过量使用钾肥的情况下，钾对镁拮抗强烈，容易造成镁元素吸引受阻。很多菜农重视了钾肥的使用，甚至不论是底施还是追施都大量使用了硫酸钾、硝酸钾等含钾量高的肥料，结果造成了土壤中速效钾养分偏高，因而抑制了镁的吸收和利用。

　　再有就使根系受伤，因根部病害或沤根、烧根等原因导致根系受伤，影响了镁的吸收。根系受伤后不仅能够致使内源生长素合成不足，造成番茄黄叶，而且能够降低营养元素的吸收，包括镁，因而也就造成了缺镁黄叶。

图 7-204　叶脉之间叶肉黄化

图 7-205　植株下部叶片症状

防治方法：应注意提高地温，增施有机肥，补充镁肥。应急时可喷用0.2%～0.5%硫酸镁水溶液。

（5）缺锰　番茄很少出现缺锰现象，但由于症状与缺镁十分相似，为防误诊，需特别提出。缺锰主要表现为叶脉间的叶肉失绿，比缺镁的叶肉颜色偏白，叶脉仍为绿色，叶片呈斑纹状（图7-206）。缺锰症状首先发生在幼叶上，顶芽不枯死，幼叶不萎蔫（图7-207）。

图 7-206　叶片颜色呈斑纹状

图 7-207　缺锰叶片

碱性土壤，有机质含量低，土壤盐类浓度过高，将影响锰的吸收，容易出现缺锰现象。可通过增施有机肥，混合或分施化肥，避免土壤浓度过高的方法预防。也可用0.2%的硫酸锰水溶液叶面喷施应急。

（6）缺铁　铁是叶绿素的组成物质，缺铁时叶绿素合成受阻，因此表现为叶片呈现均匀黄化，病健部交界不明显（图7-208）。由于铁在植株内部的移动性差，新生叶片不能从老叶征调铁元素，所以症状主要出现在顶部叶片（图7-209）。

图 7-208　叶片黄化但病健部分界不明显

图 7-209　症状出现在顶部叶片

温馨提示

缺铁不表现为斑点状黄化或叶缘黄化。

　　碱性土壤，磷肥施用过量容易缺铁。在土壤干燥或过湿及地温低时，根系活力弱，对铁的吸收能力减弱也会导致缺铁。

　　对碱性土壤进行改良，避免土壤呈严重的碱性反应；改良酸性土壤时，石灰用量不要过大，施用要均匀，施用过量反而会使土壤呈碱性。注意定植时不要伤根。如果发现缺铁，可叶面喷施0.2% ～ 0.5%的硫酸亚铁水溶液。

附录1 蔬菜病虫害防治安全用药表

防治对象	药剂名称	剂型	施用方式	施药浓度	间隔期（天）
猝倒病	霜霉威	72.2%水剂（重量/容量）	苗床浇灌	700倍液	3（黄瓜）
立枯病	噁霉灵	15%水剂	拌土	1.5~1.8克/米²	1（黄瓜）
	噁霉灵	30%水剂	苗床喷淋结合灌根	1 500~2 000倍液	1（黄瓜）
猝倒病和立枯病	福·甲霜	38%可湿性粉剂	苗床浇洒	600倍液	
	噁霉·甲霜	30%水剂	灌根	2 000倍液	
疫病（包括根腐型疫病）	烯酰吗啉	50%可湿性粉剂	植株喷淋结合灌根	1 500倍液	1（黄瓜）
	霜脲氰	50%可湿性粉剂	植株喷淋结合灌根	2 000倍液	14
	烯肟菌酯	25%乳油	植株喷淋结合灌根	2 000倍液	
	霜霉威	72.2%水剂	植株喷淋结合灌根	800倍液	5（番茄）3（黄瓜）
灰霉病	甲硫·霉威	65%可湿性粉剂	喷雾	700倍液	
	腐霉利	50%可湿性粉剂	喷雾	1 000倍液	1
	乙烯菌核利	50%干悬浮剂	喷雾	800倍液	4
	木霉菌	2亿活孢子/克可湿性粉剂	喷雾	500倍液	7

（续）

防治对象	药剂名称	剂　型	施用方式	施药浓度	间隔期（天）
白粉病	氟硅唑	40%乳油	喷雾	8 000倍液	2
	苯醚甲环唑	10%水分散粒剂	喷雾	900~1 500倍液	7~10
	腈菌唑	12.5%乳油	喷雾	2 500倍液	
	嘧菌酯	50%水分散粒剂	喷雾	4 000倍液	1
	吡唑醚菌酯	25%乳油（重量/容量）	喷雾	2 500倍液	1（黄瓜）
	烯肟菌胺	5%乳油	喷雾	1 000倍液	
炭疽病	咪鲜胺	50%可湿性粉剂	喷雾	1 500倍液	10 1（黄瓜）
	百菌清	75%可湿性粉剂	喷雾	500倍液	7
	嘧菌酯	25%悬浮剂	喷雾	2 000倍液	3
叶斑病	异菌脲	50%可湿性粉剂	喷雾	600倍液	7
	苯醚甲环唑	10%水分散粒剂	喷雾	1 000倍液	7~10
	嘧菌酯	25%悬浮剂	喷雾	2 000倍液	3
	百菌清	75%可湿性粉剂	喷雾	600倍液	7
病毒病	宁南霉素	10%可溶性粉剂	喷雾	1 000倍液	5
	氨基寡糖素	2%水剂	喷雾	300~450倍液	7~10
	菌毒清	5%水剂	喷雾	250~300倍液	7
	三氮唑核苷	3%水剂	喷雾	900~1 200倍液	7~15
辣椒疮痂病	中生菌素	3%可湿性粉剂	喷雾	600倍液	3
黄瓜霜霉病	烯酰吗啉	50%可湿性粉剂	喷雾	1 500倍液	1
	霜脲氰	50%可湿性粉剂	喷雾	2 000倍液	1
	烯肟菌酯	25%乳油	喷雾	2 000倍液	
	霜霉威	72.2%水剂	喷雾	800倍液	3

（续）

防治对象	药剂名称	剂　型	施用方式	施药浓度	间隔期（天）
黄瓜黑星病	腈菌唑	12.5%乳油	喷雾	2 500倍液	
	氟硅唑	40%乳油	喷雾	8 000倍液	1
	嘧菌酯	25%悬浮剂	喷雾	1 000倍液	3
黄瓜蔓枯病	百菌清	75%可湿性粉剂	喷雾	600倍液	1
	嘧菌酯	25%悬浮剂	喷雾	1 000倍液	3
黄瓜枯萎病	福美双	50%可湿性粉剂	灌根	600倍液	7
	甲基硫菌灵	70%可湿性粉剂	灌根	600倍液	1
	春雷霉素	2%可湿性粉剂	灌根	100倍液	1
黄瓜细菌性角斑病	中生菌素	3%可湿性粉剂	喷雾	600倍液	3
瓜类细菌性茎软腐病	中生菌素	3%可湿性粉剂	喷雾、喷淋茎	600倍液	3
茄子黄萎病	福美双	50%可湿性粉剂	灌根	600倍液	7
	甲基硫菌灵	70%可湿性粉剂	灌根	600倍液	14
茄子绵疫病	烯酰吗啉	50%可湿性粉剂	喷雾	1 500倍液	
	霜脲氰	50%可湿性粉剂	喷雾	2 000倍液	14
	烯肟菌酯	25%乳油	喷雾	2 000倍液	
	霜霉威	72.2%水剂（重量/容量）	喷雾	800倍液	5
茄子细菌性软腐病	中生菌素	3%可湿性粉剂	喷雾	600倍液	3
番茄叶斑病	咪鲜胺	50%可湿性粉剂	喷雾	1 500倍液	10
番茄叶霉病	腈菌唑	12.5%乳油	喷雾	2 500倍液	
	氟硅唑	40%乳油	喷雾	8 000倍液	2
	甲基硫菌灵	70%可湿性粉剂	喷雾	1 500~2 000倍液	5
	春雷霉素	2%水剂	喷雾	400~500倍液	1

（续）

防治对象	药剂名称	剂 型	施用方式	施药浓度	间隔期（天）
番茄早疫病	异菌脲	50%可湿性粉剂	喷雾	600倍液	7
	苯醚甲环唑	10%水分散粒剂	喷雾	1 000倍液	7~10
	嘧菌酯	25%悬浮剂	喷雾	2 000倍液	3
番茄，茄子根腐病	烯酰吗啉	50%可湿性粉剂	喷雾	1 500倍液	
	福美双	50%可湿性粉剂	灌根	600倍液	7
番茄细菌性溃疡病或髓部坏死	中生菌素	3%可湿性粉剂	喷雾	600倍液	3
番茄青枯病	中生菌素	3%可湿性粉剂	灌根	600~800倍液	3
	多粘类芽孢杆菌	0.1亿cfu/克细粒剂	灌根	300倍液	
	叶枯唑（艳丽）	20%可湿性粉剂	灌根	1 500~2 000倍液	
	荧光假单胞杆菌	10亿/毫升水剂	灌根	80~100倍液	
根结线虫	氰氨化钙	50%颗粒剂	土壤消毒	100千克/亩	
	丁硫克百威	5%颗粒剂	沟施	5~7千克/亩	25
	棉隆（必速灭）	98%颗粒剂	土壤处理	30~40克/米^2	
	威百亩	35%水剂	沟施	4~6千克/亩	
	淡紫拟青霉	5亿活孢子/克颗粒剂	沟施或穴施	2.5~3千克/亩	
	噻唑膦	10%颗粒剂	土壤撒施	1.5~2千克/亩	
	硫线磷（克线丹）	5%颗粒剂	拌土撒施	8~10千克/亩	
蚜虫	吡虫啉	10%可湿性粉剂	喷雾	2 000倍液	7 1（黄瓜）
	啶虫脒	3%乳油	喷雾	1 500倍液	7 1（黄瓜）
	抗蚜威	50%可湿性粉剂	喷雾	4 000倍液	7
	顺式氯氰菊酯	5%乳油	喷雾	5 000~8 000倍液	3
	氯噻啉	10%可湿性粉剂	喷雾	4 000~7 000倍液	
	高效氯氟氰菊酯	2.5%可湿性粉剂	喷雾	1 500~2 000倍液	7

(续)

防治对象	药剂名称	剂 型	施用方式	施药浓度	间隔期（天）
白粉虱	吡虫啉	10%可湿性粉剂	喷雾	2 000倍液	7 1（黄瓜）
	啶虫脒	3%乳油	喷雾	1 500倍液	7 1（黄瓜）
	吡•丁硫	20%乳油	喷雾	1 200~2 500倍液	
	吡丙醚（蚊蝇醚）	10.8%乳油	喷雾	800~1 500倍液	
	高效氯氟氰菊酯	2.5%乳油	喷雾	2 000倍液	7
	联苯菊酯	3%水乳剂	喷雾	1 500~2 000倍液	4
潜叶蝇	灭蝇胺	10%悬浮剂	喷雾	800倍液	7
	顺式氯氰菊酯	5%乳油	喷雾	5 000~8 000倍液	3
	灭蝇•杀单	20%可溶性粉剂	喷雾	1 000~1 500倍液	
蓟马	多杀菌素	2.5%乳油	喷雾	1 000倍液	1
	吡虫啉	10%可湿性粉剂	喷雾	2 000倍液	7 1（黄瓜）
	丁硫克百威	20%乳油	喷雾	600~1 000倍液	15
	丁硫•杀单	5%颗粒剂	撒施	1.8~2.5千克/亩	
螨	克螨特（炔螨特）	73%乳油	喷雾	2 000倍液	7
	浏阳霉素	10%乳油	喷雾	2 000倍液	7
	噻螨酮	5%乳油	喷雾	1 500倍液	30
	哒螨灵	15%乳油	喷雾	2 000~3 000倍液	10 1（黄瓜）

附录2　我国禁用和限用农药名录

（一）禁止使用的农药

1.六六六、滴滴涕、毒杀芬、二溴氯丙烷、杀虫脒、二溴乙烷、除草醚、艾氏剂、狄氏剂、汞制剂、砷类、铅类、敌枯双、氟乙酰胺、甘氟、毒鼠强、氟乙酸钠、毒鼠硅、甲胺磷、甲基对硫磷、对硫磷、久效磷、磷胺、苯线磷、地虫硫磷、甲基硫环磷、磷化钙、磷化镁、磷化锌、硫线磷、蝇毒磷、治螟磷、特丁硫磷、氯磺隆、福美胂、福美甲胂、胺苯磺隆单剂产品、甲磺隆单剂产品、胺苯磺隆复配制剂产品、甲磺隆复配制剂产品、百草枯。

2.三氯杀螨醇：自2018年10月1日起禁止使用。

（二）限制使用的农药

中文通用名	禁止使用范围
甲拌磷、甲基异柳磷、内吸磷、克百威、涕灭威、灭线磷、硫环磷、氯唑磷	蔬菜、果树、茶树、药用植物
水胺硫磷	柑橘树
灭多威	柑橘树、苹果树、茶树、十字花科蔬菜
硫丹	苹果树、茶树
溴甲烷	草莓、黄瓜
氧乐果	甘蓝、柑橘树
三氯杀螨醇、氰戊菊酯	茶树

（续）

中文通用名	禁止使用范围
杀扑磷	柑橘树
丁酰肼（比久）	花生
氟虫腈	除卫生用、玉米等部分旱田种子包衣剂外的其他用途
溴甲烷、氯化苦	登记使用范围和施用方法变更为土壤熏蒸，撤销除土壤熏蒸外的其他登记
毒死蜱、三唑磷	蔬菜
2,4-滴丁酯	不再受理、批准2,4-滴丁酯（包括原药、母药、单剂、复配制剂，下同）的田间试验和登记申请；不再受理、批准2,4-滴丁酯境内使用的续展登记申请。保留原药生产企业2,4-滴丁酯产品的境外使用登记，原药生产企业可在续展登记时申请将现有登记变更为仅供出口境外使用登记
氟苯虫酰胺	自2018年10月1日起，禁止氟苯虫酰胺在水稻作物上使用
克百威、甲拌磷、甲基异柳磷	自2018年10月1日起，禁止克百威、甲拌磷、甲基异柳磷在甘蔗作物上使用
磷化铝	应当采用内外双层包装。外包装应具有良好密闭性，防水防潮防气体外泄。自2018年10月1日起，禁止销售、使用其他包装的磷化铝产品

按照《农药管理条例》规定，任何农药产品使用都不得超出农药登记批准的使用范围。剧毒、高毒农药不得用于防治卫生害虫，不得用于蔬菜、瓜果、茶叶和药用植物生产。

附录3　安全合理施用农药

1. 科学选择农药

首先要对症选药，否则防治无效或产生药害；其次到正规农药销售点购买农药，购买时要查验需要购买的农药产品三证号是否齐全、产品是否在有效期内、产品外观质量有没有分层沉淀或结块、包装有没有破损、标签内容是否齐全等。优先选择高效低毒低残留农药，防治害虫时尽量不使用广谱农药，以免杀灭天敌及非靶标生物，破坏生态平衡。与此同时，还要注意选择对施用作物不敏感的农药。此外，还要根据作物产品的外销市场，不选择被进口市场明令禁止使用的农药。

2. 仔细阅读农药标签

农民朋友在购买农药时，要认真查看贴在农药上的标签，包括名称、含量、剂型、三证号、生产单位、生产日期、农药类型、容量和重量、毒性标识等。为了安全生产以及您和家人的健康，请认真阅读标签，按照标签上的使用说明科学合理地使用农药。

3. 把握好用药时期

把握好用药时期是安全合理使用农药的关键，如果使用时期不对，既达不到防治病、虫、草、鼠害的目的，还会造成药剂、人力的浪费，甚至出现药害、农药残留超标等问题。要注意按照农药标签规定的用药时期，结合要防治病、虫、草、鼠的生育期和作物的生育期，选择合适的时期用药。施药时期要避开作物的敏感期和天气的敏感时段，以避免发生药害。防治病害应在发病初期施药；防治虫害一般在卵孵盛期或低龄幼虫时期施药，即"治早、治小、治了"，也就是说应抓住发生初期。此外要注意农药安全间隔期（最后一次施药至作物收获的间隔天数)。

4.掌握常见农药使用方法

药剂的施用方法主要取决于药剂本身的性质和剂型。为达到安全、经济、有效使用农药的目的，必须根据不同的防治对象，选择合适的农药剂型和使用方法。各种使用方法各具特点，应灵活选用。

5.合理混用，交替用药

即便是再好的药剂也不要连续使用，要合理轮换使用不同类型的农药，单一多次使用同一种农药，都容易导致病、虫、草、抗药性的产生和农产品农药残留量超标，同时也会缩短好药剂的使用寿命。不要盲目相信某些销售人员的推荐，或者发现效果好的农药，就长期单一使用，不顾有害生物发生情况盲目施药，造成有害生物抗药性快速上升，不少果农认为农药混用的种类越多效果越好，常将多种药剂混配，多者甚至达到5～6种。不当的农药混用等于加大了使用剂量，而且容易降低药效。

6.田间施药，注意防护

由于农药属于特殊的有毒物质，因此，使用者在使用农药时一定要特别注意安全防护，注意避免由于不规范、粗放的操作而带来的农药中毒、污染环境及农产品农药残留超标等事故的发生。

7.剩余农药和农药包装物合理处置

未用完的剩余农药严密包装封存，需放在专用的儿童、家畜触及不到的安全地方。不可将剩余农药倒入河流、沟渠、池塘，不可自行掩埋、焚烧、倾倒，以免污染环境。施药后的空包装袋或包装瓶应妥善放入事先准备好的塑料袋中带回处理，不可作为他用，也不可乱丢、掩埋、焚烧，应送农药废弃物回收站或环保部门处理。

附录4　农药的配制

1. 药剂浓度表示法

目前，我国在生产上常用的药剂浓度表示法有倍数法、百分比浓度（%）和百万分浓度法。

倍数法是指药液（药粉）中稀释剂（水或填料）的用量为原药剂用量的多少倍，或者是药剂稀释多少倍的表示法。生产上往往忽略农药和水的密度差异，即把农药的密度看作1。通常有内比法和外比法两种配法。用于稀释100（含100倍）以下时用内比法，即稀释时要扣除原药剂所占的1份。如稀释10倍液，即用原药剂1份加水9份。用于稀释100倍以上时用外比法，计算稀释量时不扣除原药剂所占的1份。如稀释1 000倍液，即可用原药剂1份加水1 000份。

百分比浓度（%）是指100份药剂中含有多少份药剂的有效成分。百分浓度又分为重量百分浓度和容量百分浓度。固体和固体之间或固体与液体之间，常用重量百分浓度；液体与液体之间常用容量百分浓度。

2. 农药的稀释计算

（1）按有效成分的计算法

原药剂浓度 × 原药剂重量=稀释药剂浓度 × 稀释药剂重量

①求稀释剂重量

计算100倍以下时：

稀释剂重量=原药剂重量 ×（原药剂浓度－稀释药剂浓度）/稀释药剂浓度

例：用40%嘧霉胺可湿性粉剂5千克，配成2%稀释液，需加水多少？

5千克 ×（40%－2%）/2%=95千克

计算100倍以上时：

稀释剂重量=原药剂重量 × 原药剂浓度/稀释药剂浓度

例：将50毫升80%敌敌畏乳油稀释成0.05%浓度，需加水多少?

50毫升 × 80%/0.05%=80000毫升 =80升

②求用药量

原药剂重量＝稀释药剂重量 × 稀释药剂浓度/原药剂浓度

例：要配制0.5%香菇多糖水剂1 000毫升，求25%香菇多糖乳油用量。

1000毫升 × 0.5% /25%=20毫升

(2) 根据稀释倍数的计算法

此法不考虑药剂的有效成分含量。

①计算100倍以下时：

稀释剂重量＝原药剂重量 × 稀释倍数 − 原药剂重量

例：用40%氰戊菊酯乳油10毫升加水稀释成50倍药液，求水的用量。

10毫升 × 50−10毫升=490毫升

②计算100倍以上时：

稀释药剂量＝原药剂重量 × 稀释倍数

例：用80%敌敌畏乳油10毫升加水稀释成1 500倍药液，求水的用量。

10毫升 × 1500=15000毫升 =15升

图书在版编目（CIP）数据

番茄高效栽培与病虫害防治彩色图谱/全国农业技术推广服务中心，国家大宗蔬菜产业技术体系组编 . —北京：中国农业出版社，2017.9（2023.12重印）

（扫码看视频：轻松学技术丛书）

ISBN 978-7-109-23377-5

Ⅰ . ①番… Ⅱ . ①全… ②国… Ⅲ . ①番茄-蔬菜园艺-图解②番茄-病虫害防治-图解 Ⅳ . ①S641.2-64 ②S436.412-64

中国版本图书馆CIP数据核字(2017)第229072号

中国农业出版社出版

（北京市朝阳区麦子店街18号楼）

（邮政编码 100125）

责任编辑　郭晨茜　国　圆　孟令洋
————————————————————

北京通州皇家印刷厂印刷　新华书店北京发行所发行

2017年9月第1版　2023年12月北京第6次印刷
————————————————————

开本：787mm×1092mm 1/16　印张：10.5

字数：250 千字

定价：59.90 元

（凡本版图书出现印刷、装订错误，请向出版社发行部调换）